公路工程职业技能岗位培训教材

Qiaoliang Yuyingligong · Chujigong

桥梁预应力工·初级工

江苏省交通厅工程质量监督站组织编写

龙兴灿　胡友好　主编

人民交通出版社

内 容 提 要

本书是《公路工程职业技能岗位培训教材》之一，该系列培训教材，由江苏省交通厅工程质量监督站组织编写，以岗位技能位目标，理论与实践相结合，通俗易懂，具有较强的实用性和可操作性。

本书共分五章，内容包括：预应力混凝土结构的基本原理、预应力混凝土材料、预应力锚固体系、预应力钢绞线张拉锚固体系、预应力设备和预应力施工工艺及质量控制。

本书为桥梁预应力工（初级）培训教材，也可供公路工程一线施工技术人员及监理人员学习参考。

图书在版编目（CIP）数据

桥梁预应力工·初级工/龙兴灿，胡友好主编. —北京：人民交通出版社，2008.12
公路工程职业技能岗位培训教材
ISBN 978-7-114-07458-5

Ⅰ.桥... Ⅱ.①龙... ②.胡... Ⅲ.预应力混凝土桥-工程施工-技术培训-教材 Ⅳ.U448.355

中国版本图书馆 CIP 数据核字(2008)第 169366 号

书　　名：公路工程职业技能岗位培训教材
桥梁预应力工·初级工
著 作 者：龙兴灿　胡友好
责任编辑：卢仲贤　周高瞻
出版发行：人民交通出版社
地　　址：(100011)北京市朝阳区安定门外外馆斜街 3 号
网　　址：http://www.ccpress.com.cn
销售电话：(010)59757969　59757973
总 经 销：北京中交盛世书刊有限公司
经　　销：各地新华书店
印　　刷：北京鑫正大印刷有限公司
开　　本：787×1092　1/16
印　　张：5.5
字　　数：121 千
版　　次：2008 年 12 月　第 1 版
印　　次：2008 年 12 月　第 1 次印刷
书　　号：ISBN 978-7-114-07458-5
印　　数：0001 – 3500 册
定　　价：11.00 元

《公路工程职业技能岗位培训教材》

编 审 委 员 会

主 任 委 员

杨国忠　孟祥林

编写委员会委员

杨国忠　唐学农　周传林　樊琳娟　李建才
龙兴灿　赵伟强　张文斌　王　磊　耿　巍
胡友好　彭涌涛　芮丽珺

审定委员会委员

邓学钧　孟少平　刘松玉　符冠华　韩大章
叶见曙　镇亦明　李晋三　刁永宁　薛永森
成　文　陈建胜

序

江苏交通工程质量水平受到国内外同行普遍称道，这是设计、施工、监理、管理等各方坚持努力的结果。工程是干出来的，业主培育施工队伍的技术能力和专业水平是江苏公路建设的一条基本经验。我认为设计是灵魂，管理是关键，而一线基层施工的从业人员的专业素质是保障工程质量的基础。交通行业贯彻科学发展观，实施节约使用资源，高效利用资源方针，必须把质量第一、精益求精，落实到每个环节、每一位建设者的手中。必须全面提高基层施工技术和管理人员的综合素质，用专业的队伍打造出高质量的工程。

立足于交通建设长远发展，要把公路建设基层从业人员的岗位技能培训作为一项基本任务来抓，通过系统培训、训练，使广大一线技术工人熟练掌握正确运用公路施工相关的技术规范、施工程序、质量要求等内容。省交通厅在广泛调研的基础上组织编写了路基工、路面工、桥梁预应力工三个工种的系列培训教材一套，每个工种分为初、中、高三个等级。这是一套针对性较强的公路工程职业技能岗位培训教材。本套教材充分研究了施工一线的技术特点，注重理论与实践相结合，通俗易懂，简明实用，具有较强的实用性和可操作性，不仅是施工技术人员上岗前的培训教材，也是公路建设监理、管理人员较好的参考书籍。希望通过大家的努力，积极推广使用本套教材，大力提高我省公路建设基层施工与管理人员的技术水平，对稳步提升工程质量水平起到积极的促进作用。

江苏省交通厅厅长 游庆仲

前　言

为了适应公路建设需要，加快公路施工一线人员的技术业务培养，确保工程建设质量；同时也为了便于基层从事公路工程建设施工和管理人员学习，江苏省交通厅工程质量监督站、南京交通职业技术学院联合组织人员编写了公路工程职业技术工种系列培训教材。本套教材是依据中华人民共和国工人技术等级标准《交通行业工人技术等级标准》，同时参照《筑路、养护工国家职业标准》的要求编写，本系列培训教材力求体现交通职业的特点，以岗位技能为目标，在文字和叙述上力求简明扼要，通俗易懂，书中的插图也尽量做到清晰、美观，便于教学和自学。本系列培训教材包括以下九个分册：《公路路基工·初级工》、《公路路基工·中级工》、《公路路基工·高级工》、《公路路面工·初级工》、《公路路面工·中级工》、《公路路面工·高级工》、《桥梁预应力工·初级工》、《桥梁预应力工·中级工》、《桥梁预应力工·高级工》。

《桥梁预应力工·初级工》由南京交通职业技术学院龙兴灿、胡友好主编，本书的第二章、第三章、第四章由龙兴灿编写，第一章、第五章由胡友好编写。全书由韩大章、刁永宁主审。

编写过程中，尽管我们做了很大努力，但由于各地区差异较大，很难全面收集各单位的新技术、新材料、新工艺、新设备以及相关实用技术。加之编者水平有限，经验不足，时间紧迫，疏漏或错误之处在所难免，敬请读者批评指正，并提供详尽资料，以便修订完善。

编　者

2008.8.25

目　录

第一章　预应力混凝土结构的基本原理 …… 1
第一节　概述 …… 1
第二节　预应力混凝土结构基本原理 …… 2
第三节　预应力混凝土的特点 …… 3
第四节　预应力混凝土存在的一些问题 …… 3
思考题 …… 4
第二章　预应力混凝土材料 …… 5
第一节　混凝土 …… 5
第二节　灌浆材料 …… 6
第三节　预应力钢材 …… 7
第四节　孔道成型材料 …… 10
思考题 …… 13
第三章　预应力锚固体系 …… 14
第一节　概述 …… 14
第二节　预应力粗钢筋锚固体系 …… 15
第三节　预应力钢丝锚固体系 …… 16
第四节　预应力钢绞线张拉锚固体系 …… 19
第五节　锚具性能的要求 …… 24
思考题 …… 26
第四章　预应力设备 …… 27
第一节　液压千斤顶 …… 27
第二节　油泵 …… 33
第三节　固定端锚具制作设备 …… 36
第四节　预应力筋切断设备 …… 41
第五节　压浆设备 …… 42
第六节　管道设备 …… 45
思考题 …… 47
第五章　预应力施工工艺及质量控制 …… 49
第一节　概述 …… 49
第二节　预应力孔道安装 …… 51
第三节　预应力筋及锚具安装 …… 55

第四节　预应力筋张拉 ………………………………………………………………… 59
第五节　孔道压浆 ……………………………………………………………………… 64
第六节　后张法预应力混凝土施工质量检验及验收要点 …………………………… 72
第七节　安全保证措施 ………………………………………………………………… 73
思考题 …………………………………………………………………………………… 76

第一章　预应力混凝土结构的基本原理

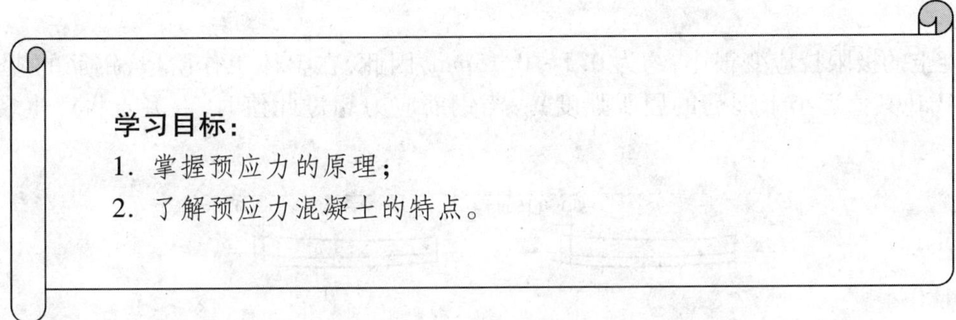

第一节　概　述

预应力的原理应用于生产已有很悠久的历史了,我国早就利用预应力原理制造木桶、木盆和车轮。在木桶或木盆干燥时用几道铁箍箍紧,盛水后木盆膨胀但受到铁箍的约束,接缝被挤紧,木桶或水盆就不会漏水(图 1-1)。概括地说,预应力可以简单地解释为:在结构承受使用荷载之前,预先加载产生应力,用这种方法来改善其使用性能。但是,预应力技术真正成功地应用于工程技术上也就一个世纪的时间。

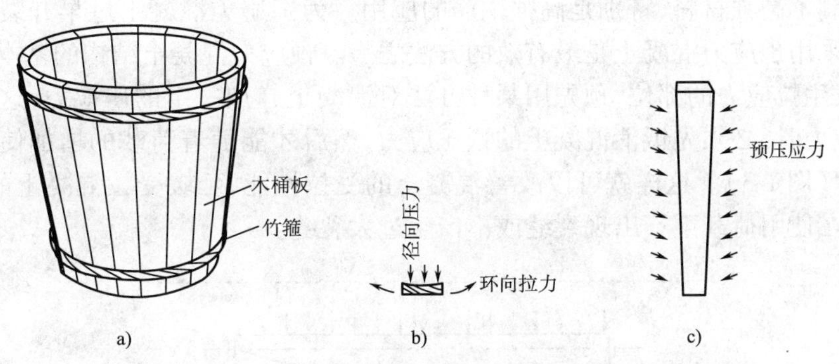

图 1-1　预应力原理在木桶上的应用

a)木桶;b) 竹箍分离体图;c)板块分离体图

1886 年美国工程师 P. H. Jackon 获得在人造石和混凝土拱内张紧钢杆作楼板的专利。预应力混凝土自 1928 年法国学者弗莱西奈(R. E. Dill)研究成功后,1945 年开始大量推广,第二次世界大战结束后,城市交通与工业急需重点重建与改建,采用预应力混凝土代替钢结构解决了当时钢材供应不足的状况。经过数十年的实践与完善,目前已成为一项专门的实用技术。近 40 余年来,国内外大量的土木工程实践充分证明了预应力混凝土结构能够节约钢材、木材、水泥,延长使用寿命,并具有耐火、耐高压、耐腐蚀、抗疲劳等优点,是当代工程建设中一种重要的结构材料。

预应力混凝土结构由于其具有能充分利用材料的高强度性能，有效地防止混凝土裂缝、减轻结构自重、增大桥梁跨径、刚度大、行车舒适等优点，在公路桥梁上得到广泛的应用。尤其在大跨度、重荷载结构以及不允许开裂的结构中被广泛应用。

第二节　预应力混凝土结构基本原理

混凝土的极限拉应变很小，约为 0.1 ~ 0.15mm，因此，在整体工作阶段，钢筋的应力仅为 20 ~ 30MPa（其值远小于钢筋的屈服强度）。当钢筋应力超过此值时，混凝土将产生裂缝（图 1-2）。

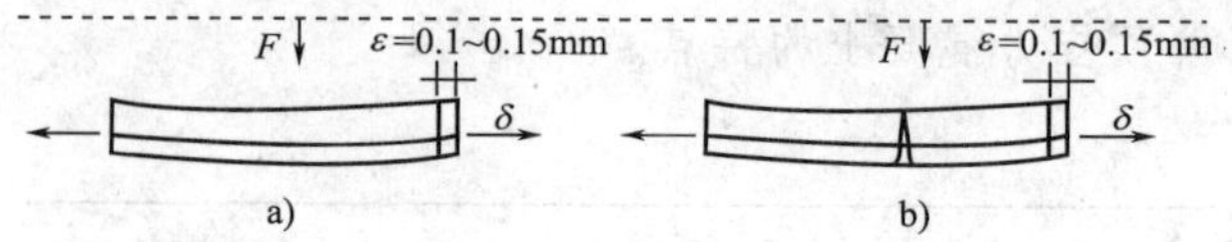

图 1-2　钢筋混凝土工作图

a）混凝土不开裂时，钢筋拉应力为 20 ~ 30MPa；b）混凝土裂缝为 0.25mm 时，钢筋拉应力为 150 ~ 250MPa

所以，在正常使用条件下，普通钢筋混凝土结构的受拉区一般均已出现裂缝，这将导致构件刚度降低，变形增大。为了限制构件的裂缝宽度和结构的变形，往往需要增大构件截面尺寸和用钢量，这是不经济的，尤其是对于跨度大、荷载重的结构和对裂缝宽度限制较严的结构，构件将很笨重，既费钢材，又不利于施工。当采用高强混凝土和高强钢筋时，可以有效地减轻结构自重、节省钢材和降低造价；但是，在普通钢筋混凝土结构中采用高强钢筋，在使用荷载下钢筋应力更高，裂缝宽度也将更大，往往难以满足使用要求。综上所述，由于在使用荷载下，普通钢筋混凝土结构的受拉区往往已出现裂缝，这在一定程度上限制了普通钢筋混凝土的应用范围，同时也限制了高强材料，特别是高强钢筋的应用。为了避免混凝土过早开裂，并有效地利用高强材料，采用预应力混凝土是最有效的方法之一。预应力混凝土结构的基本原理是：在结构承载时将发生拉应力的部位，预先用某种方法对混凝土施加一定的压应力，这样，当结构承载而产生拉应力时，必须先抵消混凝土的预压应力，然后才能随着荷载的增加使混凝土受拉，进而出现裂缝（图 1-3）。这样就可以改善混凝土的受拉性能，延缓受拉混凝土的开裂或裂缝开展，使结构在使用荷载下不出现裂缝或不产生过大裂缝。

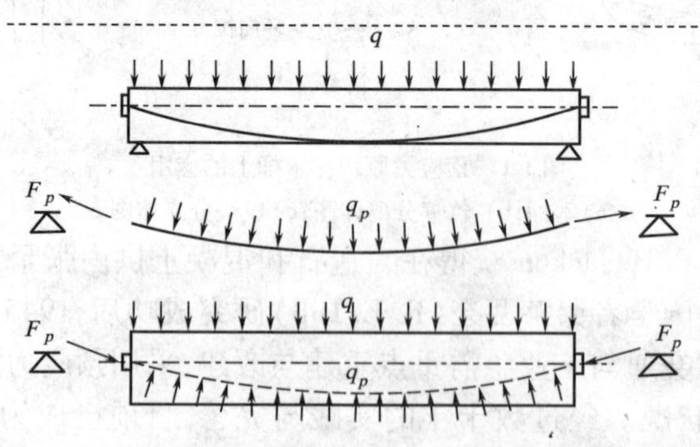

图 1-3　预应力筋对混凝土的作用

第三节　预应力混凝土的特点

预应力混凝土与普通混凝土相比，在增强结构构件的抗裂性与耐久性、提高结构构件刚度、改善结构疲劳性能及节约工程材料等方面均有明显的优越性，具体分述如下：

(1)增强结构抗裂性和抗渗性(图1-4)。

(2)改善结构的耐久性。

(3)提高了结构与构件的刚度，减小结构变形。

(4)提高结构的抗疲劳承载能力。

(5)有效地减轻构件的自重和增加结构的稳定性(图1-5)。

(6)合理利用高强度材料。

(7)提高工程质量。

(8)预应力可以作为预制结构的一种拼装手段和结构加固的手段(图1-6)。

图1-4　小浪底工程中采用预应力可增强抗渗性

图1-5　预应力技术应用于梁的悬臂施工

图1-6　预应力可减轻自重、增加跨径

第四节　预应力混凝土存在的一些问题

预应力混凝土较普通混凝土有许多优点，但预应力混凝土由于自身特性，也存在以下一些问题：

(1)预应力施工需张拉设备和锚固装置，制作结构要求较高，施工周期较长，费用较高。

(2)施工工艺复杂，对施工人员操作水平要求高，施工中易出现质量问题(图1-7～图1-10)。

图 1-7　某桥拆除后发现几乎没灌浆

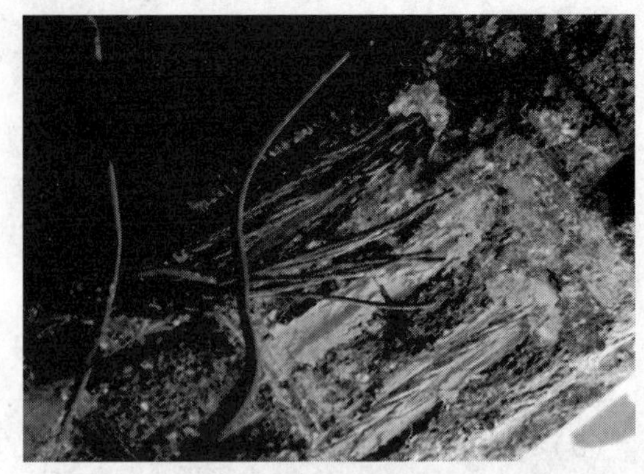
图 1-8　张拉力控制不当造成断丝

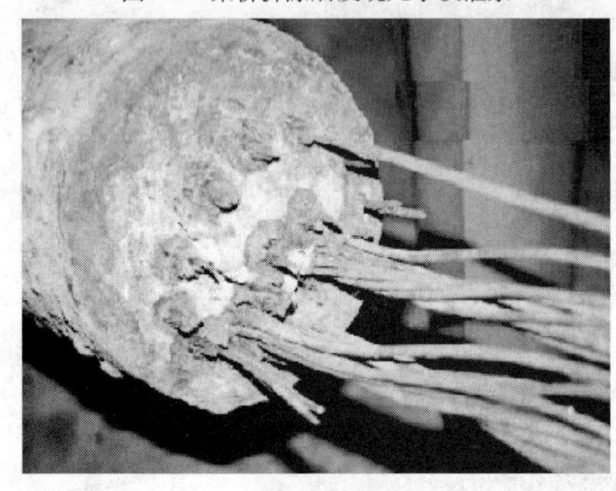

图 1-9　预应力筋锈蚀严重

图 1-10　锚后混凝土强度不足

思考题

1. 预应力的原理是什么？
2. 预应力混凝土有何特点？

第二章　预应力混凝土材料

学习目标：

1. 了解预应力对混凝土的要求；
2. 掌握预应力筋的种类及进场检验要求；
3. 了解水泥浆的要求；
4. 掌握成孔材料的种类，了解成孔材料的检验。

构成预应力混凝土结构的主要材料有：混凝土、预应力钢材、灌注预留孔道用的灌浆材料和制作预留孔道用的孔道成型材料等。

第一节　混　凝　土

混凝土是以水泥为胶结料，与水、粗集料、细集料按适当比例配合（图 2-1），必要时掺加适当外加剂、掺和料或其他改性材料，经搅拌、捣实成型后，经过一定时间硬结而成的人造石材。

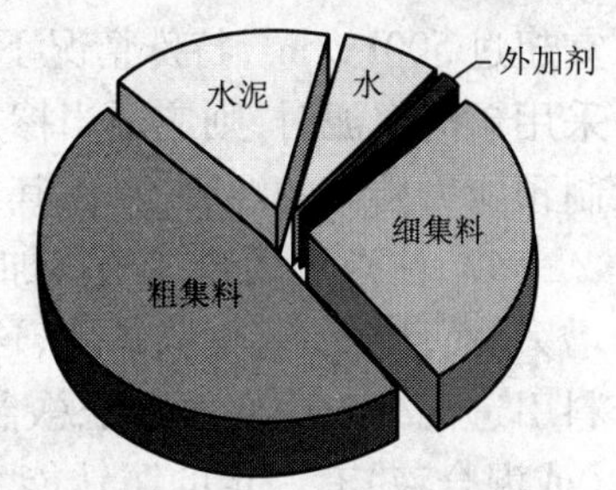

图 2-1　混凝土组成

一、预应力对混凝土的要求

用于预应力结构的混凝土，必须采用高强度混凝土，而且应与构件所采用的高强度钢材的等级相配合，钢材强度越高，混凝土强度也相应要求提高。因为只有这样才能发挥高强钢材的抗拉性能，有效地减小构件截面尺寸，从而减轻构件自重以提高公路桥梁的跨越能力。特别是对于先张法构件来说更为重要，因为先张法的预应力钢筋，一般是靠黏结力来锚固的，而黏结强度是随着混凝土强度的增高而增加的。目前抗压强度 50 ~ 98MPa 的高强度混凝土已广泛在桥梁工程中应用。

对于预应力结构中使用的混凝土，还要求能快硬、早强，以便能尽早施加预应力，加快施工进度，提高设备和模板等的利用率。

二、混凝土的特性

通常情况下，都用混凝土的强度和耐久性作为评定混凝土品质的主要指标，其他如收缩性质、徐变性质等也属于混凝土的重要特性。

1. 强度

混凝土的强度是随着时间的增长而增加的。影响混凝土强度的因素是多方面的，包括水泥强度等级、集料性质、水灰比、级配设计时各种材料的比例、制作方法、凝固时的环境条件、混凝土的龄期等。

2. 应力与应变

与普通混凝土相比,用于预应力结构的高强混凝土更加均质,这是由于高强混凝土的界面区减少了微裂缝的数量与裂缝尺寸,因此高强混凝土显得更脆。在承受短期荷载和持续荷载时,高强混凝土内部的微裂缝比一般混凝土少,横向应变也较小。

3. 收缩

混凝土在结硬过程中,体积会发生变化。当在空气中结硬时,体积会收缩;一般情况下,混凝土的收缩值是随着时间而增长的。

4. 徐变

徐变是指在一持续应力作用下,应变随时间不断增加的现象,是一种依赖于应力状态和时间的非弹性性质变形。

三、混凝土的配置要求与措施

试配混凝土的强度应大于设计要求的强度。当无可靠的历史统计数据时,试配强度可按所需设计强度等级乘以 1.15 系数。一般可以采用如下措施:

(1)高强混凝土(C60)应使用干硬性混凝土。水灰比应控制在 0.35 以下,拌和料的和易性宜通过掺加高效减水剂和混合材料进行调整。在满足和易性的前提下,尽量减少用水量。

(2)注意选用水泥的强度等级和品种。一般宜采用高强度等级水泥,最好不低于混凝土设计强度等级的 1.2 倍,《公路桥涵施工技术规范》(JTJ 041—2000)中,混凝土的水泥用量不宜超过 500kg/m^3,特殊情况下不应超过 550kg/m^3。水泥品种以硅酸盐水泥为宜,不得已需要采用矿渣水泥时,则应适当掺加早强剂,以改善其早期强度较低的缺点。火山灰水泥不适于拌制预应力构件的混凝土,因其早期强度过低,收缩率又大。

(3)注意选用合适的掺加剂。一般不允许随意掺加氯盐,因为它不仅使混凝土的收缩率增大,而且会引起钢筋锈蚀,这对预应力钢筋来说,将造成严重的应力腐蚀问题;从各种组成材料引进混凝土中的氯离子总含量(折合氯化物含量),不宜超过水泥用量的 0.06%;三乙醇胺(或混合液)有一定的防锈能力,三乙醇胺的掺入量一般为水泥用量的 0.05%。在气温较低时,可使用其复合剂(即由占水泥用量 0.05% 的三乙醇胺、0.5% 的次氯酸钠和 1% 的亚硝酸钠组成)。

(4)另外,振捣必须采取高频振捣器振捣;高强混凝土在浇筑完毕后应在 8h 以内加以覆盖并浇水养护,或在暴露表面喷、刷养护剂。浇水养护日期不得少于 14d。

第二节　灌 浆 材 料

在后张法预应力混凝土结构中,为了防止预应力钢筋锈蚀,使预应力钢筋与梁体混凝土结合为一个整体,一般在钢筋张拉完毕之后,需向预留孔道内压注水泥浆。

一、材料要求

《公路桥涵施工技术规范》(JTJ 041—2000)规定孔道压浆宜采用水泥浆,所用材料应符合下列要求。

1. 水泥

水泥宜采用硅酸盐水泥或普通水泥。采用矿渣水泥时,应加强检验,防止材性不稳定。水泥的强度等级不宜低于C40。水泥不得含有任何团块。

2. 水

水中应不含有对预应力筋或水泥有害的成分,每升水不得含500mg以上的氯化物离子或任何一种其他有机物,可采用清洁的饮用水。

3. 外加剂

外加剂宜采用具有低含水量、流动性好、渗出小及膨胀性小等特性的外加剂,它们应不得含有对预应力筋或水泥有害的化学物质。外加剂的用量应通过试验确定。

二、水泥浆性能要求

水泥浆的强度应符合设计规定,设计无具体规定时,应不低于30MPa。对截面较大的孔道,水泥浆中可掺入适量的细砂。水泥浆的技术条件应符合下列规定:

(1)水灰比宜为0.40~0.45,掺入适量减水剂时,水灰比可减小到0.35。

(2)水泥浆的泌水率最大不得超过3%,拌和后3h泌水率宜控制在2%,泌水应在24h内重新全部被浆吸回。

(3)通过试验后,水泥浆中可掺入适量膨胀剂,但其自由膨胀率应小于10%。泌水率和膨胀率的试验方法见《公路桥涵施工技术规范》(JTJ 041—2000)附录G-10。

(4)水泥浆稠度宜控制在14~18s之间,稠度的试验方法见《公路桥涵施工技术规范》(JTJ 041—2000)附录G-11。

第三节 预应力钢材

一、对预应力钢筋的要求

在预应力混凝土结构中,预应力筋为抗拉材料,由于预应力混凝土自身的要求,预应力钢材需满足下列要求。

(1)强度要高:只有采用高强钢材,才能建立较高的有效预应力值。

(2)具有一定的塑性:施工过程中,预应力筋常需弯折且锚固段预应力筋要承受较大的应力,因此,预应力筋要满足一定的抗弯折能力。

(3)良好的加工性能:预应力筋在加工后其力学性能应不受到影响。良好的加工性能也是保证加工质量的重要条件。

(4)良好的黏结力:先张法构件的预应力主要靠预应力筋和混凝土之间的黏结力来实现;而后张法构件也要求预应力筋与灌浆料之间有良好的黏结力以保证协同工作。

(5)低松弛:高强钢筋在持续的高应力状态下会发生较大的松弛,这将大大减少预压应力值,所以采用低松弛的钢材以减少由此引起的松弛损失。

二、预应力筋的种类

预应力筋按其材料可分为钢材类预应力筋和非钢材类预应力筋(图2-2)。作为预应力筋使用的主要是预应力钢筋,可分为预应力粗钢筋、高强钢丝和钢绞线三种。目前桥梁上最常用的预应力钢筋是钢绞线。

1. 预应力钢筋

预应力钢筋又可分为三大类:冷拉热轧钢筋、热处理钢筋、精轧螺纹钢(图 2-3)。

图 2-2　常见预应力筋

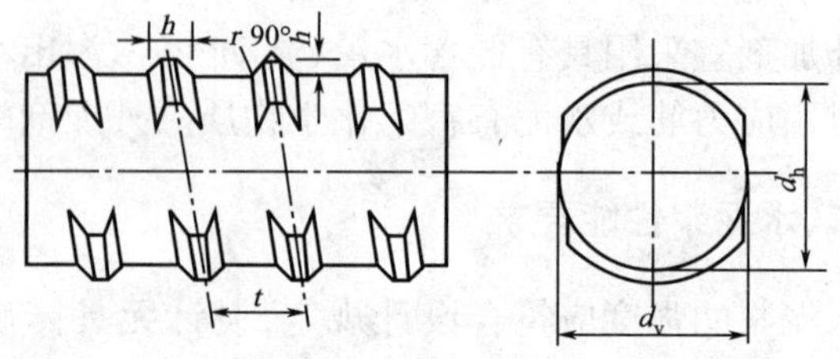

图 2-3　预应力高强精轧螺纹粗钢筋简图

高强度精轧螺纹钢筋是在整根钢筋上轧有外螺纹的大直径、高强度、高尺寸精度的直条钢筋。该钢筋在任意截面处都可拧上带有内螺纹的连接器进行连接或拧上带螺纹的螺帽进行锚固。

高强度精轧螺纹钢筋具有连接、锚固简便,黏着力强,张拉锚固安全可靠,施工方便,而且节约钢筋,减少构件面积和重量等优点。精轧螺纹钢筋广泛应用于公路、铁路大中跨桥梁和竖向预应力钢筋中。

2. 高强钢丝

预应力混凝土结构常用的高强钢丝,按交货状态分为冷拉及矫直回火两种;按外形分为光面及刻痕两种。

预应力混凝土用钢丝的应用具有以下特点:

(1)钢丝强度高。

(2)易于制备,便于运输。

(3)应用灵活,可以根据需要组成不同钢丝根数的预应力束。

(4)柔性好,便于成型或穿束,特别适用于曲线形预应力筋。

(5)可以用 7 根平行钢丝为一组制备成无黏结束。

3. 钢绞线

钢绞线的优点是截面集中,直径较大,比较柔软,运输和施工方便,便于操作,与混凝土或灌浆材料咬合均匀而充分,具有良好的锚固延性,因而被越来越广泛地应用。

预应力混凝土用钢绞线是用冷拔钢丝制造而成的。在钢绞线机上以一种较粗的直钢丝为中心,其余钢丝围绕其进行螺旋状绞合,再经低温回火处理而成。中心钢丝的直径加大范围不小于 2.5%。

模拔钢绞线是在普通钢绞线绞制成型时通过一个模子拔制,并对其进行低温回火处理而成的。由于每根钢丝在积压接触时被压扁,使钢绞线的内部间隙和外径都大大减小,提高了钢绞线的密度(图 2-4)。

钢绞线的规格有 2、3、7 或 19 根(股)等,最常用的是 7 股钢绞线。1 ×2 和 1 ×3 钢绞线在先张法预应力混凝土构件中应用较多。

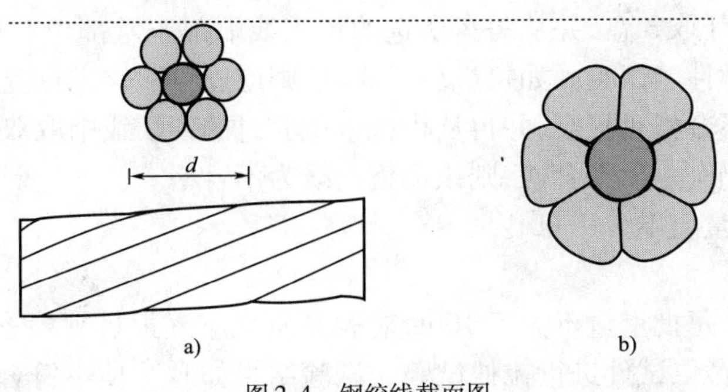

图 2-4　钢绞线截面图

a）普通钢绞线；b）模拔钢绞线

4．无黏结预应力筋

无黏结预应力筋是一种带管道的预应力筋，常用的无黏结预应力筋由 Φ^S15.2mm 钢绞线、建筑油脂、热挤 PE 套管组成。这种预应力筋因管道直径小，适用于尺寸较小的预应力筋分布的构件；同时，也因为这种预应力筋具有良好的自防腐性能，常被用作体外预应力筋（图 2-5）。

5．体外预应力筋

体外预应力技术是指将预应力筋布置在构件截面之外，从而钢筋可以再次张拉以补偿混凝土的徐变、收缩导致的预应力损失的一种预应力技术。

体外预应力索一般由钢绞线束和外护套组成，其中钢绞线可以采用普通钢绞线、镀锌钢绞线、环氧涂层钢绞线和外包 PE 的单根无黏结钢绞线；外护套主要起防腐作用，通常采用两种材料，即高密度聚乙烯（简称 HDPE）管或钢管（图 2-6）。

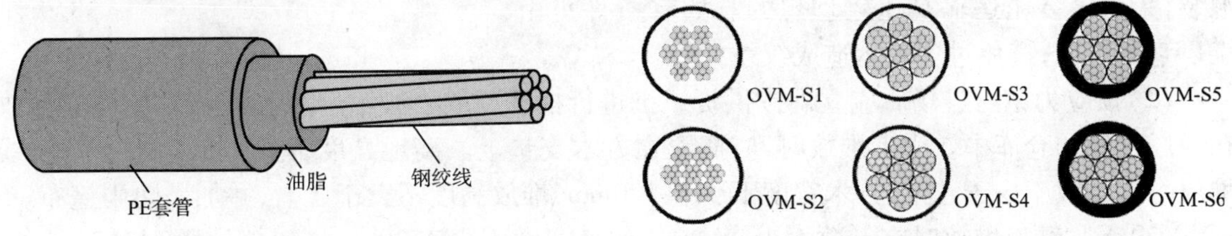

图 2-5　无黏结预应力截面图

图 2-6　体外预应力筋的六种基本类型

注：OVM 体外预应力索体分为 OVM-S1、OVM-S2、OVM-S3、OVM-S4、OVM-S5 及 OVM-S6 等六种基本类型。

三、预应力钢筋的验收、运输、存储

（一）预应力钢筋的验收

《公路桥涵施工技术规范》（JTJ 041—2000）规定，预应力筋进场时应分批验收，验收时，除应对其质量证明书、包装、标志和规格等进行检查外，尚须按下列规定进行检验。

1．钢丝

应分批检验，每批重量不大于 60t。先从每批中抽查 5%，但不少于 5 盘，进行形状、尺寸和表面检查，如检查不合格，则将该批钢丝逐盘检查。在上述检查合格的钢丝中抽取 5%，但不少于 3 盘，在每盘钢丝的两端取样进行抗拉强度、弯曲和伸长率的试验，其力学性能应符合《公路桥涵施工技术规范》（JTJ 041—2000）附录 G-1 的要求。试验结果如有一项不合格时，则不合格盘报废，并从同批未试验过的钢丝盘中取双倍数量的试样进行该不合格项的复验，如仍有一项不合格，则该批钢丝为不合格。

2．钢绞线

从每批钢绞线中任取 3 盘,并从每盘所选的钢绞线端部正常部位截取一根试样进行表面质量、直径偏差和力学性能试验。如每批少于 3 盘,则应逐盘取样进行上述试验。试验结果如有一项不合格时,则不合格盘报废,并再从该批未试验过的钢绞线中取双倍数量的试样进行该不合格项的复验,如仍有一项不合格,则该批钢绞线为不合格。

每批钢绞线的重量应不大于 60t。

3. 精轧螺纹钢筋

应分批进行检验,每批重量不大于 100t,对表面质量应逐根目视检查,外观检查合格后在每批中任选 2 根钢筋截取试件进行拉伸试验。试验结果如有一项不符合《公路桥涵施工技术规范》(JTJ 041—2000)附录 G-6 所规定的要求时,则另取双倍数量的试件重做全部各项试验,如仍有一根试件不合格,则该批钢筋为不合格。

拉伸试验的试件,不允许进行任何形式的加工。

(二)预应力筋的订购和存储

预应力钢材是由专业生产厂生产的,预应力钢丝、一般成盘供应,钢绞线一般成卷交货,无轴包装(图 2-7)。订货时除要求其力学性能外,还可对预应力筋盘重、直径公差、长度等具体指标提出要求,以满足工程需要。

图 2-7　钢绞线的包装

(1)产品出厂除用户指定外都有包装,严禁野蛮装卸,应轻吊轻放。运输应加固和防雨,不得与腐蚀物品混装,采用集装箱运输是比较理想的。如有条件可由工厂直运工地,避免过多转运造成绞线损伤。

(2)预应力钢材进场后应立即按供货组批进行抽样检验,检验合格后,应将预应力筋存放在通风良好的仓库中。露天堆放时,应搁置在方木支垫上。离地高度不少于 200mm。钢绞线堆放时支点数不少于 4 个,方木宽度不少于 100mm,堆放高度不大于 3 盘,并加盖防雨篷布。

(3)无黏结筋堆放时支点数不少于六个,枕木宽度不少于 300mm,码放层数不多于二盘。预应力筋存放应按供货批号分组,每盘标牌整齐,上面覆盖防雨布。预应力筋吊运应采用专用支架,三点起吊。

(4)钢绞线的吊装应采用棉麻等非金属材料制作的吊具,尽量避免使用钢丝绳等易造成钢绞线损伤的吊具。仓库的硬地有时会擦伤钢绞线,以致损害钢绞线的机械性能,应予避免。

(5)预应力材料必须保持清洁,在存放和搬运过程中应避免机械损伤。如进场后需长时间存放时,必须安排定期的外观检查。钢绞线表面允许有浮锈,但要注意保护,以免发展成锈蚀,影响正常使用。

(6)预应力筋应分类、分规格进行装运和堆放。在室外存放时,不得直接堆放在地面上,应垫枕木并用苫布覆盖。长期存放时应设置仓库,仓库应干燥、防潮、通风良好、无腐蚀气体和介质。在潮湿环境中存放,应选用防锈包装产品,采用防潮纸内包装,钢丝、钢绞线表面涂敷水溶性防锈材料等。

第四节　孔道成型材料

后张预应力构件预埋制孔用材料有金属波纹管(螺旋管)、薄壁钢管和塑料波纹管。通常采用圆形金属波纹管,板类构件宜采用扁形金属波纹管,施工周期较长时应选用镀锌金属波纹管或塑料波纹管。塑料波纹管宜用于曲率半径小的孔道及对密封要求高的孔道,如真空辅助压浆预应力孔道等。预埋钢管宜用于竖向超长孔道。抽芯制孔用材料有钢管和夹布胶管两种。

一、波纹管的种类

1. 金属波纹管

金属波纹管按照截面形状分为圆形和扁形(图 2-8),按照每两个相邻的折叠咬口之间凸出部(即波纹)的数量分为单波和双波(图 2-9);按照径向间刚度分为标准型和增强型;按照钢带表面情况分为镀锌和不镀锌两种。

图 2-8　金属波纹管

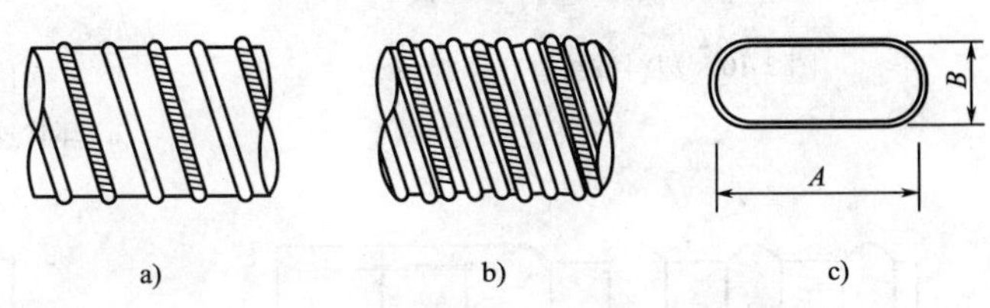

图 2-9　金属波纹管

a) 圆形单波纹;b) 圆形双波纹;c) 扁形

金属波纹管有单波与双波之分,弯曲性能双波优于单波。金属波纹管的主要质量指标为钢带厚度、咬口质量、波高。钢带厚度应根据管道直径、设置时间(在浇筑混凝土前或后设置钢束)及是否有特殊用途而定,一般情况下钢带厚度不宜小于 0.3mm。

金属波纹管出厂时应有产品合格证和出厂检验报告。金属波纹管的尺寸和性能应符合行业标准《预应力混凝土用金属螺旋管》(JG 225—2007)的规定。使用前应进行外观检查,其内外表面应清洁、无油污、无锈蚀、无孔洞和不规则的褶皱,咬口不应有开裂或脱扣。

金属波纹管运输与储存:

(1)预应力混凝土用金属螺旋波纹管可用铁丝多档捆扎,内径 Φ 为 50 ~ 70mm 时,7 根为一捆,75mm 以上,3 根为一捆。

(2)预应力用金属螺旋管端部毛刺非常尖锐,容易划破皮肤,搬运时应避免手拿端部,手上应戴手套防护。

(3)搬运时应轻拿轻放,不得投掷、抛甩或在地上拖拉;吊装时不得以一根绳索拦腰捆扎起吊。

(4)装车时,车底应平整,上部不得堆放重物,端部不宜伸出车外,装车完毕后应该用绳索缚牢,并用苫布遮严。防止雨水、油污和各种腐蚀性气体或介质的影响。

(5)预应力混凝土用金属螺旋管在仓库内长期保管时,仓库应干燥、防潮、通风良好、无腐蚀性气体和介质。

(6)预应力混凝土用金属螺旋管在室外保管的时间不宜超过 6 个月,不可直接堆放在地上,必须放在枕木上并用苫布等有效措施防止雨露和各种腐蚀气体、介质影响。

2. 塑料波纹管

塑料波纹管按截面形状可分为圆形和扁形两大类(图2-10);按外表面波纹形状可分为环状连续波纹[图 2-11a)]、环状非连续波纹[图 2-11b)]和螺旋状波纹[图 2-11c)];一般是采用高密度聚乙烯树脂(HDPE)或聚丙烯(PP)为主要原料。经热熔挤出成型的预应力混凝土桥梁用塑料波纹管,从使用效果看优先推广采用聚丙烯塑料波纹管,其线刚度、环刚度及耐磨性优于高密度聚乙烯塑料波纹管。

波纹管结构(图 2-12、图 2-13),波峰 4 ~ 5mm,波距 30 ~ 60mm。

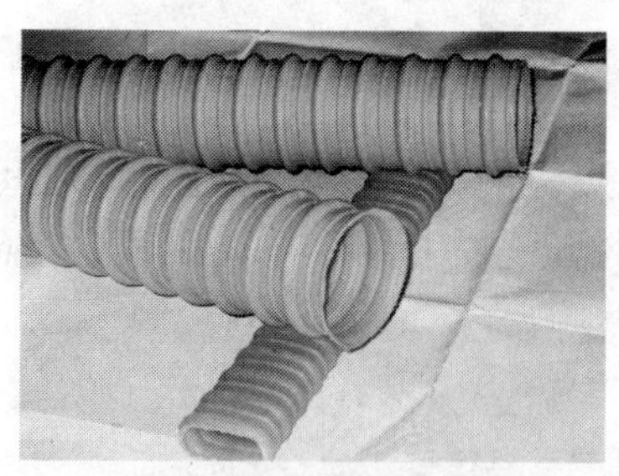

图 2-10　塑料波纹管

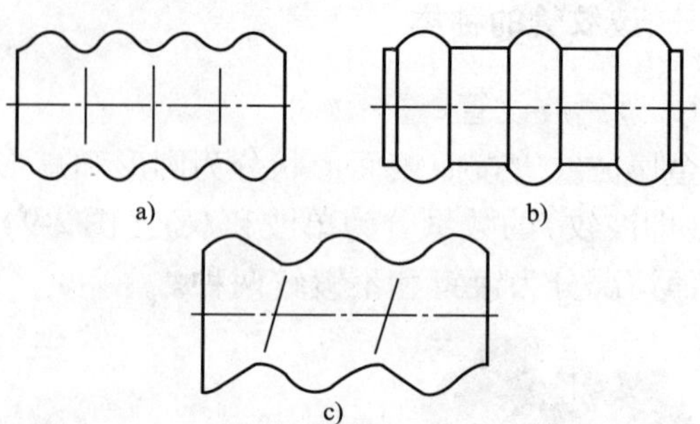

图 2-11　塑料波纹管外表面波纹形状

a)环状连续波纹;b)环状非连续波纹;c)螺旋状波纹

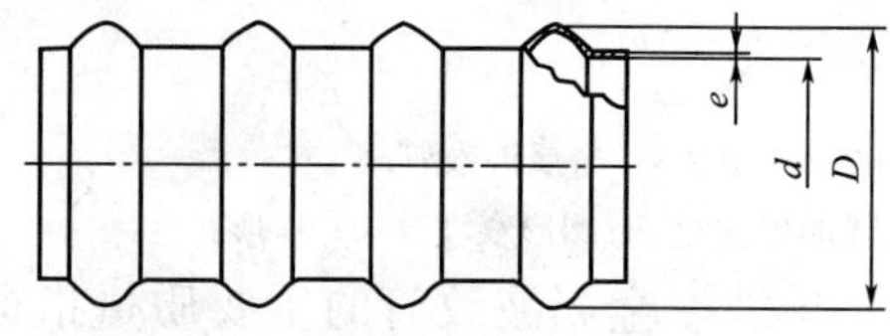

图 2-12　塑料波纹管圆管尺寸符号

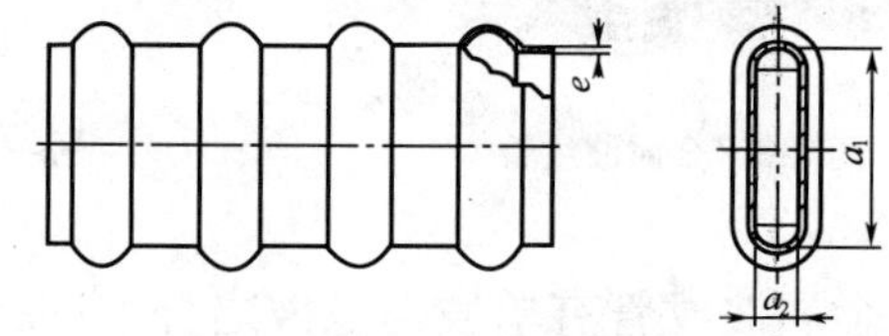

图 2-13　塑料波纹管扁管尺寸符号

塑料波纹管用于后张预应力留孔,其主要优点为:

(1)能提供极好的防腐蚀保护,聚乙烯和聚丙烯塑料几乎对各种化学侵蚀都有极好的耐久性。

(2)能显著提高预应力筋的疲劳强度,消除微振磨损疲劳。

(3)张拉时摩擦系数较小,预应力损失小。

(4)完全密封在非导体材料中,在预应力筋与结构间提供了最低电阻,防止各种散射电流影响(在预应力筋进出处产生氢脆)。

塑料波纹管可用聚丙烯或高密度聚乙烯塑料生产,有扁平和圆形两种。香港 VSL 公司提供给南京长江二桥索塔中的 PT - PLUS 塑料波纹管为聚丙烯塑料生产,内壁每隔 50mm 有一道筋肋(较大平滑面有利减轻微振疲劳)。从使用效果看优先推广采用聚丙烯塑料波纹管,其线刚度和环刚度及耐磨性优于高密度聚乙烯塑料波纹管。

塑料波纹管包装、运输及储存如下所述。

(1)包装。圆管应用非金属绳捆扎或用木架固定包装;扁管可采用盘卷包装,盘卷外径不大于 2.4m,也可按用户要求包装。连接管、连接头等可用编织袋或按用户要求包装。每包装单位应附有合格证和本标准规定的命名标记。

(2)运输。波纹管搬运时,不得抛摔或在地面拖拉。运输时防止剧烈碰撞、挤压、暴晒、雨淋、油污和化学污染。

(3)储存。波纹管应储存在远离热源、油污和化学污染的地方,室外堆放应有遮盖物,避免暴晒和雨淋。波纹管存放地点应平整,堆放高度不超过 2m,储存温度 0 ~ 40℃。波纹管储存期自生产之日起,一般不超过一年。

二、波纹管的检测(合格性检验)

金属波纹管和塑料波纹管的规格和性能应符合行业标准《预应力混凝土用金属螺旋管》(JG 225—2007)和《预应力混凝土桥梁用塑料波纹管》(JT－T529—2004)的规定。使用前应进行外观检查,其内外表面应清洁、无油污、无锈蚀、无孔洞和无不规则的褶皱,咬口不应有开裂或脱扣。

波纹管作为预应力筋的套管有两项基本要求:一是在外荷载的作用下,有抵抗变形的能力;二是在浇筑混凝土的过程中,水泥浆不能渗入管内。据此要求,进行波纹管的合格性检验。

波纹管进场时每一批合同应附有质量证明书,并作进场复验。对金属波纹管用量较少的一般工程,当有可靠依据时,可不做径向刚度、抗渗漏性能的进场复验。

塑料波纹管内壁应均匀光滑,无分解变色和无明显杂质。外壁波纹及颜色均匀一致,无气泡、裂口。采用熔接接头时内外壁熔接紧密、无脱开现象,塑料波纹管的力学性能及适用温度应符合产品标准要求。

思考题

1. 预应力对混凝土有何要求?
2. 预应力筋的种类有哪些?目前常用的预应力筋有哪些?
3. 预应力筋进场检验有哪些要求?
4. 孔道压浆对水泥浆有何要求?
5. 成孔材料有哪些种类?成孔材料如何检验与保管?

第三章　预应力锚固体系

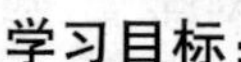
学习目标：

1. 了解黏结锚固体系原理；
2. 掌握国内常用的锚固体系；
3. 掌握千斤顶的种类；
4. 熟悉油泵；
5. 熟悉镦头器、压花机、挤压器。

第一节　概　　述

预应力技术是指预应力的锚固方式与张拉体系，或简称为锚固张拉体系。一种体系只适用于一种或两种预应力钢筋，并且有专用的张拉设备和孔道成型方式。

一、锚固体系组成

预应力锚固体系是指维持预加应力的构造体系。完善的锚固体系包括夹具、锚具、连接器和锚下支承系统（图 3-1）。

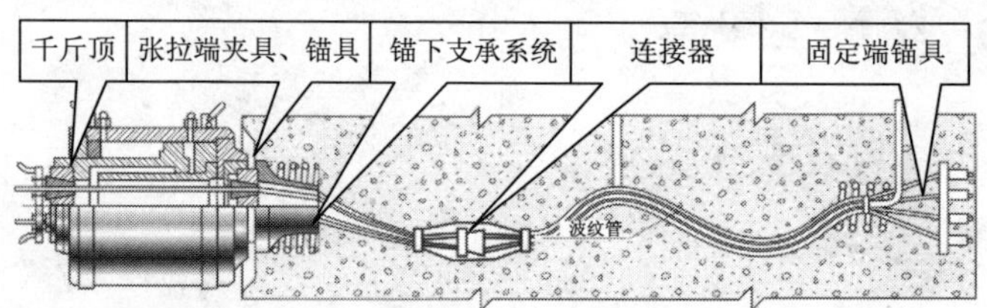

图 3-1　HVM 后张预应力锚固体系示意图

二、锚固体系性能要求

锚具、夹具是锚固预应力筋的一种装置。在后张法结构或构件中，为保持预应力筋的拉力并将其传递到混凝土上所用的永久性锚固装置称锚具。锚具是保证预应力混凝土结构安全可靠的技术关键，因此锚具应满足以下要求：

（1）锚具性能安全、可靠且不损伤钢筋。

（2）滑移、变形小，预应力损失小。

（3）构造简单，易加工，使用方便。

(4)用钢量少,价格便宜。

(5)施工设备简便,张拉锚固迅速。

三、锚固体系的分类

按锚固原理分为支承锚固、楔紧锚固、握裹锚固和组合锚固体系。

按锚固体系所锚固的预应力钢筋、钢丝或钢绞线划分为相对应的三类:预应力粗钢筋锚固体系、钢丝锚固体系、钢绞线锚固体系。

第二节　预应力粗钢筋锚固体系

一、轧丝锚

预应力粗钢筋冷轧螺纹锚具(轧丝锚)是同济大学研制成功的高强度粗钢筋锚固体系(图3-2)。

轧丝锚是在高强度光圆钢筋的端部,用专用工具冷轧出外径大于钢筋直径的螺纹。由于材料经过冷作强化,故冷轧螺纹段钢材具有与原有圆钢筋同样的抗拉强度,达到了充分利用钢材的目的。采用特种螺母锚固,不仅锚固性能可靠,操作简便,而且预应力损失较小,可以用在预应力钢筋极短的场合。采用螺杆、螺母锚固方式,可以多次重复张拉、放松,还能方便地采用连接器多次接长,以适应不同的结构和施工艺要求。但由于高强精轧螺纹钢筋的大量使用,这种张拉锚固体系的应用越来越少。专用张拉设备为YG－70型穿心式单作用千斤顶。

二、预应力高强精轧螺纹钢筋张拉锚固体系

由我国研制的Φ25mm、Φ32mm两种直径的高强精轧螺纹钢筋张拉锚固体系,不但具有粗钢筋冷轧螺纹张拉锚固体系的所有优点,而且还具有受热不失效、钢筋可实现在任意点锚固连接的特点(图3-3)。因此,既可用于后张法,也可用于先张法。

图3-2　轧丝锚

图3-3　粗轧螺纹钢锚具、连接器

(一)锚具、连接器

预应力高强精轧螺纹粗钢筋的接长应采用YGL型连接器,不得采用任何形式的焊接接长。当有充分的试验数据时也可采用其他形式的连接。YGL型连接器的外形如图3-4所示。

预应力高强精轧螺纹粗钢筋的锚具为YGM型,其外形尺寸如图3-5所示,当采用原西德地伟达施工方法时,其锚具可采用地伟达所推荐的钟形锚具和板式锚具。

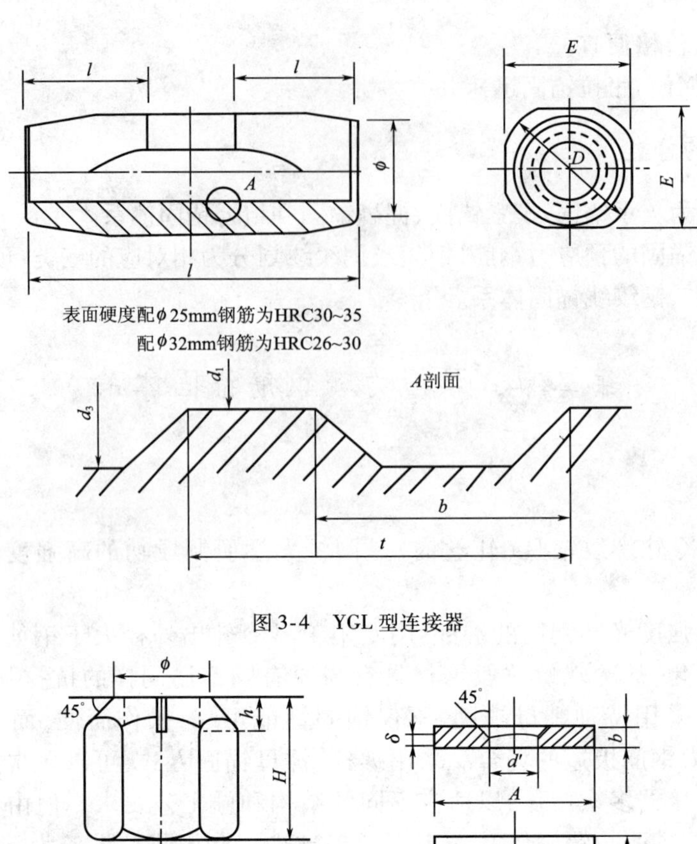

图 3-4　YGL 型连接器

图 3-5　YGM 锚具简图

(二)张拉千斤顶

预应力高强精轧螺纹粗钢筋的专用张拉设备为 YG－70 型穿心式单作用千斤顶。其主要技术性能及构造示见第四章第一节液压千斤顶。

(三)主要特点

(1)预应力筋采用螺母锚固,锚固性能可靠。

(2)可以多次重复张拉、放松,操作方便。

(3)预应力筋回缩损失很小,可以用在预应力筋较短的场合,例如竖向预应力束和桥面横向预应力束;采用套筒式连接器可以任意接长钢筋。

第三节　预应力钢丝锚固体系

一、DM 型预应力张拉锚固体系

1966 年同济大学公路研究所研制成功钢丝液压冷镦器后,在桥梁上首先应用镦头锚具,并逐步推广到其他领域。这种锚固体系的工作原理是先将钢丝穿过固定端锚板及张拉端锚杯中比钢丝直径稍大的圆孔，然后利用镦头器对钢丝两端进行镦头，镦头直径大于孔洞的直径，使钢丝不能脱出，再通过张拉锚杯达到施加预应力的目的。它可以和拉杆式或使用拉杆撑脚的穿心式千斤顶组合，进行后张法或先张法生产（图 3-6）。

（一）锚具

DM5(7) A 型和 DM5(7) B 型锚具是最常用的镦头锚具。DM5(7) A 型锚具由锚杯、螺帽及锚垫板组成，主要用于张拉端；DM5(7) B 型锚具由锚板与铺垫板组成，主要用于固定端。

（二）连接器

DM5(7) C 与 DM5(7) K 型产品只有与张拉端锚具配套使用才能构成一副完整的连接器，其作用是接长预应力钢丝束。图 3-7 和图 3-8 分别为 C 型及 K 型产品构造图，图 3-9 为接长预应力钢丝束示意图。

图 3-6　镦头锚具

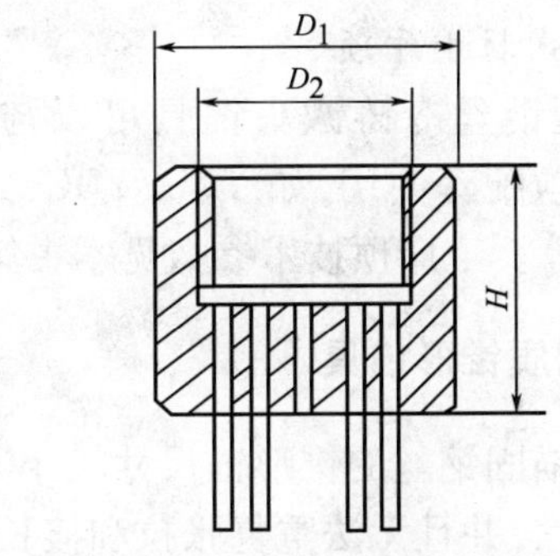

图 3-7　DM5C 型产品构造

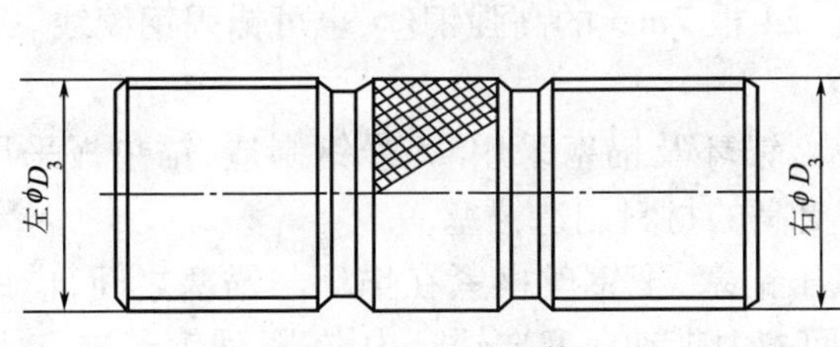

图 3-8　DM5K 产品构造

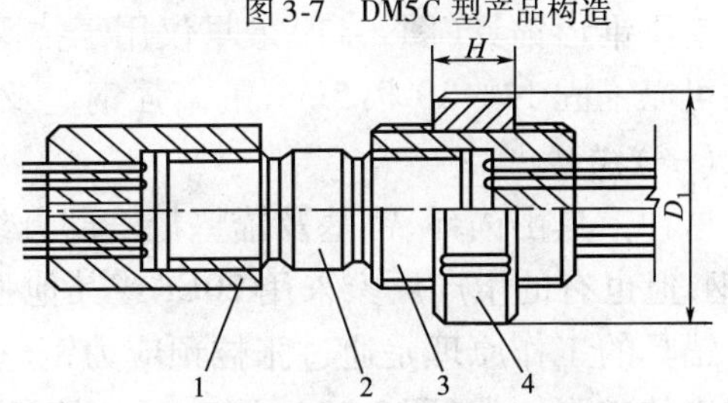

图 3-9　连接器结构

1-DMC 型；2-DMK 型；3-锚环；4-螺母

（三）张拉千斤顶

DM 型锚具配套千斤顶为 YC 系列穿心式千斤顶。穿心杆一端配备有能与锚环内螺纹连接的工具杆与锚环相连，另一端穿过千斤顶用螺帽锚于千斤顶后部。

（四）预应力的施加方法

DM 型预应力张拉锚固体系可以一端固定，一端张拉；也可以两端张拉。钢丝束的预留孔道直径一般应比预应力钢丝束外径大 4 ~ 8mm。

在张拉端，预留孔道还必须扩孔，扩孔直径一般应比锚环的外径大 4 ~ 8mm。扩孔长度主要考虑张拉伸长值以及穿束后另一端镦头所需的工作长度（300 ~ 400mm），一般可取 500mm；但当钢束长度大于 30m 时，应根据需要适当加长。

当采用两端张拉时，除一端需扩孔长 500mm 外，另一端也必须扩孔，但仅考虑张拉伸长值影响，约取 100 ~ 200mm 长就可以了。

扩大孔务必与中间孔同心并与端部预埋钢板垂直，相邻孔道间考虑锚固后锚具至少应保持 5mm 的空隙。

二、LM 型预应力张拉锚固体系

LM 型钢丝冷铸镦头锚具主要用于锚固平行钢丝束，其工作原理与 DM 型锚具相似。不同的是固定端也用锚杯，并用锌合金或环氧树脂钢砂浇灌在两端锚杯的内腔内，形成冷铸镦头式锚具。因此，比 DM 型锚具更安全、更可靠，并具有良好的抗疲劳性能，通常用在斜拉桥斜拉索或其他桥的吊索等应力变化幅度较大的体外预应力束上。

(一) 锚具

LM 型锚具分张拉端和固定端两种，张拉端锚具有供张拉用的内螺纹。国内通常采用环氧树脂钢砂作冷铸剂。LM 型锚具的构造如图 3-10 所示。

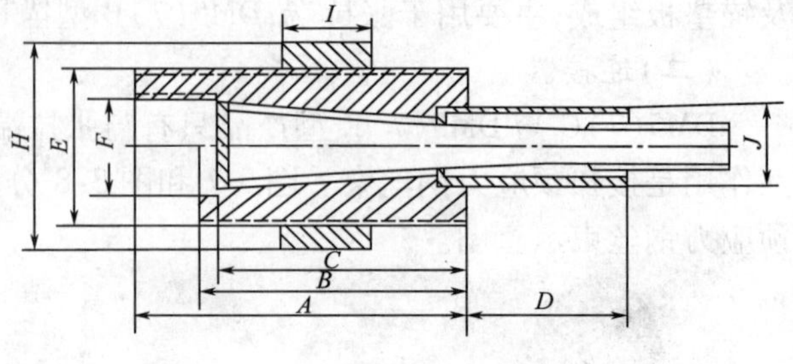

图 3-10　LM 型锚具构造

(二) 张拉千斤顶

LM 型钢丝冷铸镦头锚具可以与多种穿心千斤顶配套使用，如 YCD、YDC、YCW、YC、YCT 等。千斤顶技术参数见本书第四章第一节。

三、钢质锥形锚具

传统锚固钢丝的锥形锚尺寸较小，便于分散布置；但缺点是钢丝回缩量较大，所引起的应力损失亦大，并且无法重复张拉和接长。

钢质锥形锚具(图 3-11)最早仅用于锚固 12 ~ 24 根 5mm 的高强钢丝。经过不断的改进，现在可以锚固 12 ~ 30 根 5mm 的高强钢丝及 12 ~ 24 根 7mm 的高强钢丝，也可锚固钢绞线。

(一) 锚具

这种锚具由锚环、锚基及锚垫板三部分组成。锚环及锚塞采用 45 号钢制造，锚垫板采用 A3 钢，但也有的生产厂家采用 20Cr 或其他强度更高的材料制造锚塞。

锚具的工作原理是通过张拉预应力钢丝，顶压锚塞，把钢丝楔紧在锚环与锚塞之间，借助摩阻力传递张拉力(图 3-12)，同时，利用钢丝的回缩力带动锚塞向锚环内滑进，使钢丝进一步楔紧。

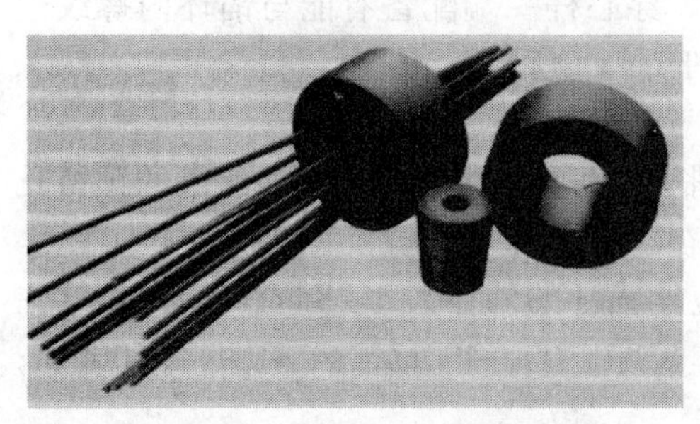
图 3-11　钢质锥形锚具

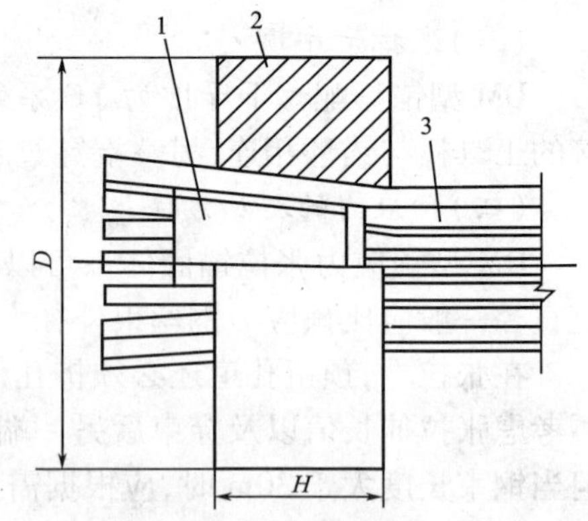

图 3-12　钢质锥形锚锚具构造
1-锚塞；2-锚环；3-钢丝

(二) 张拉千斤顶

钢质锥形锚具的预应力张拉采用的千斤顶是一种双作用或三作用千斤顶，千斤顶与锚具安装示意图如图 3-13 所示，其主要技术参数见本书第四章第一节。

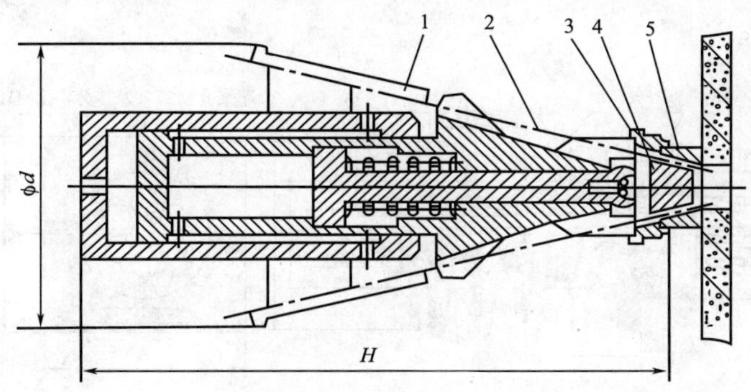

图 3-13　YZ 千斤顶安装示意图

1-楔块；2-钢丝；3-对中套；4-锚塞；5-锚环

第四节　预应力钢绞线张拉锚固体系

我国生产预应力钢绞线锚具的厂家众多，且各成体系，目前国内应用较为广泛的锚固体系是 OVM 体系，为本节重点介绍内容。其他体系结构和操作方法大同小异，不作详细介绍。

预应力钢绞线在桥梁工程中应用极为广泛，其锚固体系主要是夹片锚，是一种由夹片、锚板及锚垫板等部分组成的锚具。两分式或三分式夹片构成一副锚塞，共同夹持一根钢绞线。夹片锚的锚固性能稳定，应力均匀，安全可靠，锚固钢绞线的范围亦较大。

OVM 型锚固体系分为圆锚（OVM）、扁锚（BM）、环锚（HM）、拉索群锚、吊杆锚、系杆锚及锚碇锚固系统等系列；品种齐全，可以满足各种不同的预应力混凝土结构的需要。

一、单根锚具

单根锚的夹片是群锚的最基本的组成部分，要有重复或反复张拉的功能（图 3-14）。

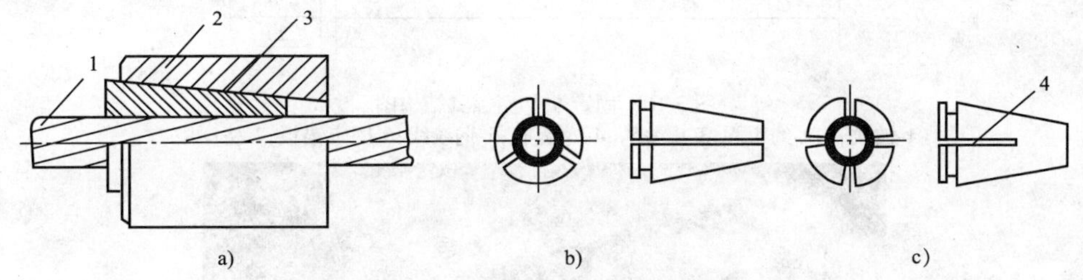

图 3-14　单孔夹片式锚具

a）组装图；b）三夹片；c）二夹片

1-钢绞线；2-锚环；3-夹片；4-弹性槽

二、圆锚锚具

OVM 锚固体系适用于钢绞线根数范围为 1 ~ 55 根；可选择范围广，具有良好的放张自锚性能，施工操作简便。锚固效率系数高，锚固性能稳定、可靠。

（一）张拉端锚具

OVM 多根数钢绞线张拉端锚固体系是 OVM 型预应力体系的主要元件，其组成和工作原理与其他夹片式张拉锚具基本相同，也可作为固定端锚具使用，夹片为两片四开式的；锚具的结构如图3-15所示。

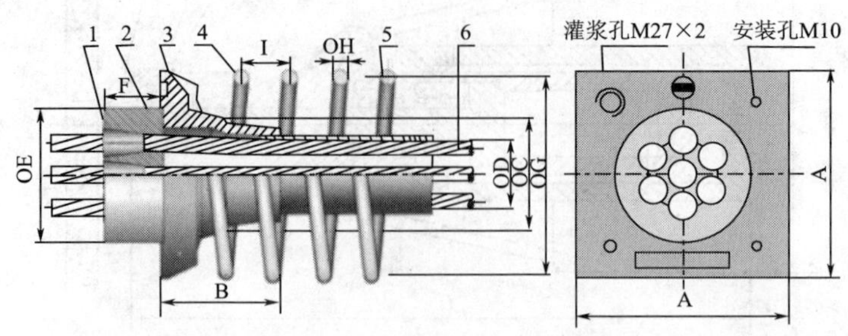

图3-15　OVM张拉端体系构造图

1-夹片；2-锚板；3-锚垫板；4-螺旋筋；5-波纹管；6-预应力筋

（二）固定端锚具

固定端锚具有P型锚具、圆P型锚具、H型锚具三种

1. OVM固定端P型锚具

适用于需要把后张力直接传至梁端时的情况。它包括挤压套（含三角型钢丝挤压簧）、螺旋筋、锚板、约束圈等。挤压套、挤压簧与钢绞线采用专业的GYJA型挤压器挤压锚固。锚具的结构如图3-16、图3-17所示。

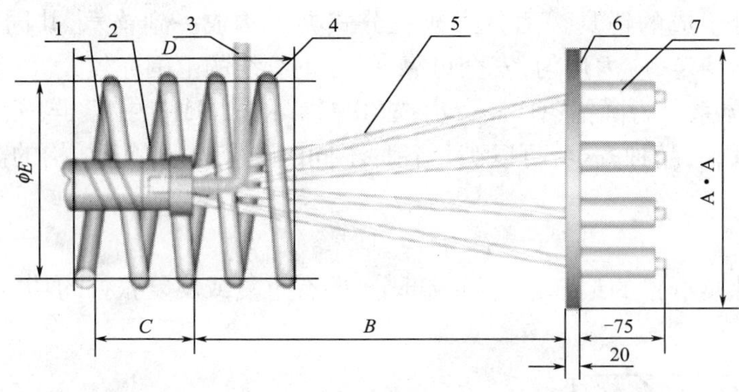

图3-16　固定端P型锚具结构图

1-波纹管；2-约束圈；3-出浆管；4-螺旋筋；5-钢绞线；6-固定锚板；7-挤压头

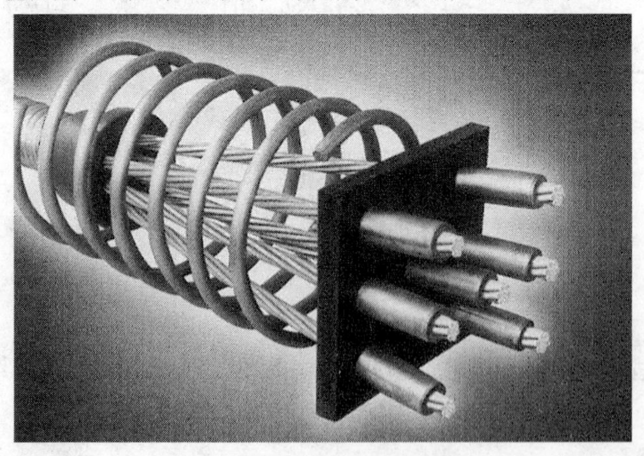

图3-17　固定端P型锚具示意图

2. OVM 固定端圆 P 型锚具

采用 P 锚与 OVM 圆锚组合成固定端锚具，结构紧凑，适用于有空间要求的固定端，可有效增加预应力施加长度，避免在固定端预应力钢绞线与混凝土直接黏结，减少钢绞线腐蚀。圆 P 型锚具布置与普通圆锚相同，结构如图 3-18 所示。

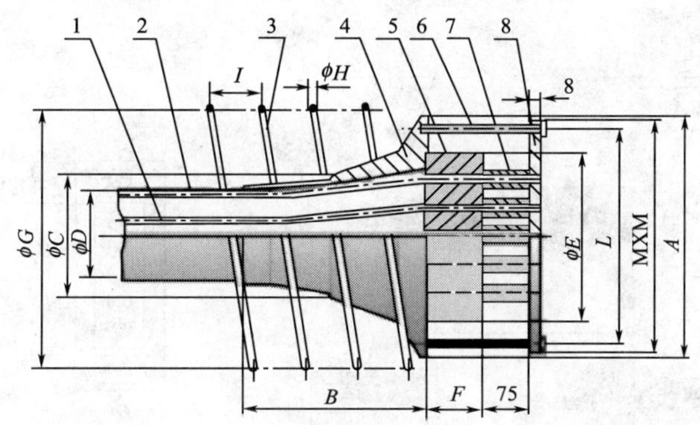

图 3-18

1-预应力筋；2-波纹管；3-螺旋筋；4-锚垫板；5-锚板；6-螺钉；7-挤压套；8-压板

3. OVM 固定端 H 型锚具

适用于需要把后张力传至混凝土时的情况。它包括带犁形自锚头的一段钢绞线、支托犁形自锚头用的钢筋支架、螺旋筋、约束圈、金属波纹管等。钢绞线梨形自锚头采用专用 YH3 型压花机挤压成形。锚具的结构如图 3-19 所示。

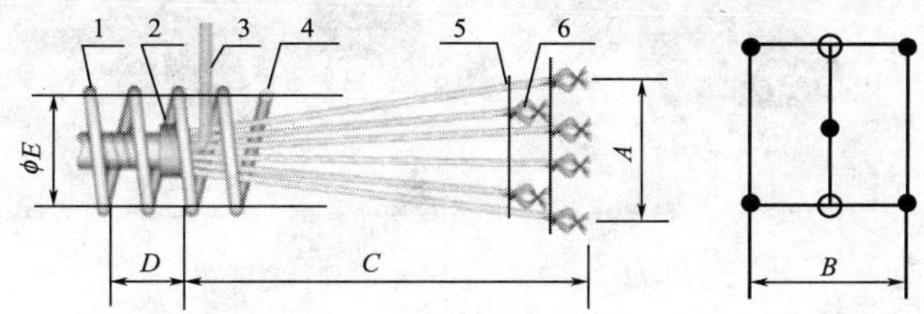

图 3-19 OVM 固定端 H 型锚具

1-波纹管；2-约束圈；3-排气管；4-螺旋筋；5-支架；6-钢绞线梨形自锚头

(三)连接器

OVMl5(13)L 连接器有单根和多根两种形式，单根作为接长预应力筋用；多根作为按长预应力束，通常用于连续梁中。连接器的挤压头采用 GYJA 型挤压器挤压成型，连接器的结构如图 3-20 所示。

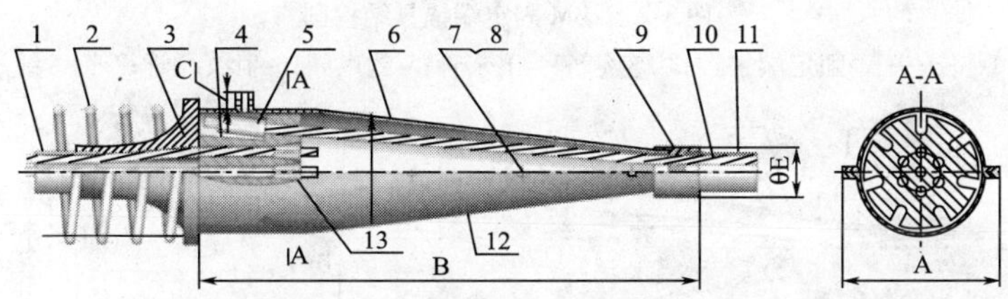

图 3-20 连接器

1-波纹管；2-螺旋筋；3-锚垫板；4-连接体；5-挤压头；6-保护罩；7-六角螺栓；8-六角螺母；9-约束圈；10-钢绞线；11-波纹管；12-保护罩；13-夹片

三、扁锚

OVMl5BM 扁锚主要使用在后张构件厚度较薄的部位，适用于 Φ15.24mm、Φ15.7mm、Φ12.7mm、Φ12.9mm 钢绞线。张拉端锚具、固定锚具、连接器的结构分别如图 3-21 ~ 图 3-24 所示。

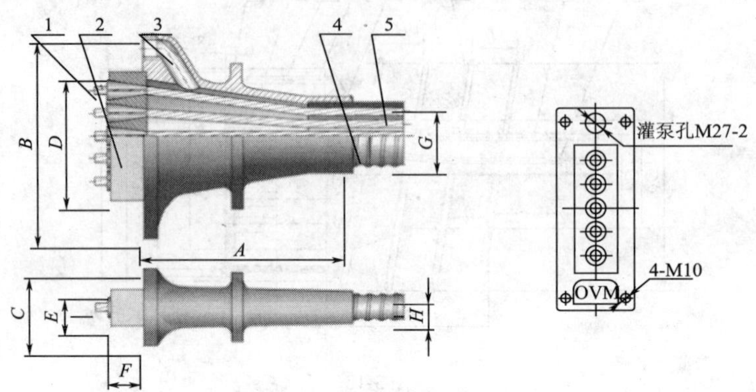

图 3-21　五孔 BM 张拉端锚具结构

1-夹片；2-锚板；3-锚垫板；4-波纹管；5-钢绞线

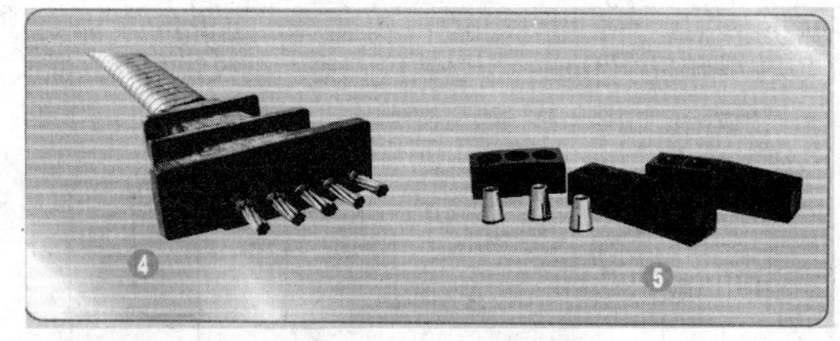

图 3-22　五孔 BM 张拉端锚具示意图

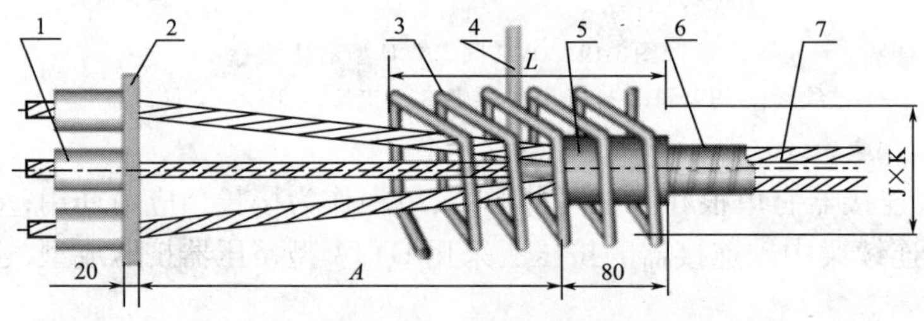

图 3-23　BM 固定端锚具结构图

1-挤压头；2-固定端锚板；3-螺旋筋；4-出浆管；5-约束圈；6-扁波纹管；7-钢绞线

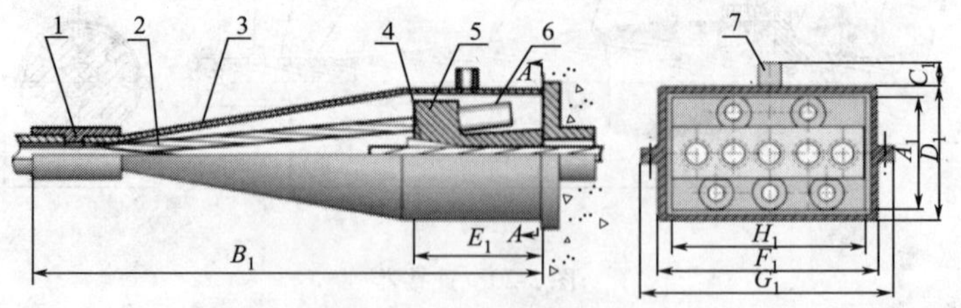

图 3-24　BM 连接器结构

1-约束圈；2-钢绞线；3-保护罩；4-工作夹片；5-连接体；6-挤压套（挤压簧）；7-排气管

四、工具锚

工具锚装在千斤顶末端,夹片和锚具可重复使用,因而质量要求较高。工具夹片一般为3片式,较工作夹片长;工具锚锚板外径应与千斤顶配套使用(图3-25)。

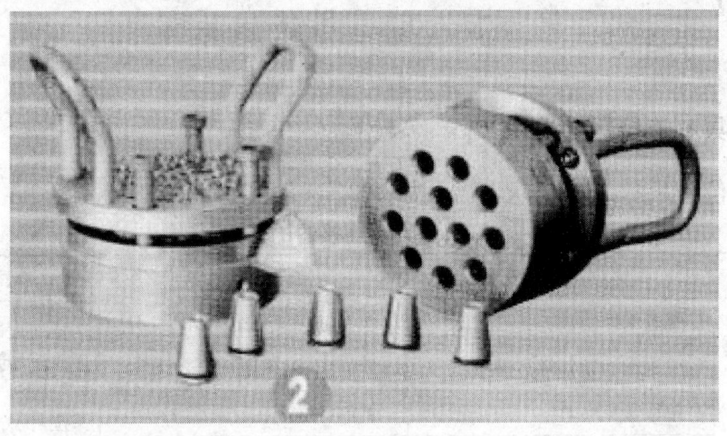

图3-25　工具锚及夹片

五、张拉千斤顶

OVM型预应力体系配有YCWA系列千斤顶、YCWB系列千斤顶、YCW变形系列千斤顶、YCQ型千斤顶等多个系列千斤顶,可以满足各种不同的需要。

六、预应力的施加方法

OVM型体系预应力的施加采用自锚式千斤顶(图3-26),千斤顶的后部采用自动工具锚,前部采用限位板。

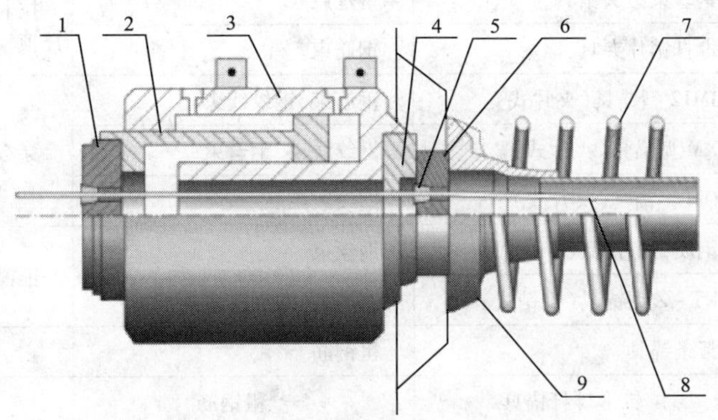

图3-26　张拉端锚具与千斤顶安装示意图

1-工具锚;2-活塞;3-油缸;4-限位板;5-工作夹片;6-工作锚板;7-螺旋筋;8-钢绞线;9-锚垫板

七、注意事项

工具夹片为三片式,工作夹片为两片式,二者不能混用。工作锚具也不能多次重复使用;锚具要妥善保管,使用时不应有锈、水及其他污物。安装锚具时,去掉夹片包装纸(不放有退锚灵)即可安装,注意保持夹片表面、锚板锥孔面干净。但当预应力束较长,需反复张拉锚固时,建议在锚板锥孔内涂少量润滑剂(如退锚灵),这样既有利于工作夹片的跟进和退锚,又有利于锚具的多次锚固;工具夹片外表面和工具锚板锥孔内表面使用前亦涂上润滑剂,并经常清除夹片表面杂物,可使退锚灵活。当夹片开裂或牙面破坏时一定要更换,不得再使用。

第五节　锚具性能的要求

一、锚具、夹具和连接器的选用

工程设计单位应根据结构要求、产品技术性能和张拉施工方法,按表 3-1 选用锚具。

锚具、夹具及连接器的选用　　表 3-1

张拉方法	锚具、夹具类型	相应预应力筋	配套张拉设备
先张法	螺丝端杆锚具	粗钢筋	拉杆式千斤顶或穿心式千斤顶或简易张拉机具
	单根镦头钢筋螺杆夹具	钢筋束、钢丝束	
	单根镦头夹具	钢筋	拉杆式千斤顶或穿心式千斤顶
	圆套筒三片式夹具	钢筋、钢绞线	
	方套筒二片式夹具	钢筋	手动或电动简易张拉机具
	圆齿槽式锥销夹具	冷拔低碳钢丝或碳素钢丝	
	圆齿板式锥销夹具		
	帮条锚具	粗钢筋	
后张法	YGM 型螺杆锚具	高强粗钢筋	YG－70 型穿心式千斤顶
	螺丝端杆锚具	粗钢筋	拉杆式千斤顶或穿心式千斤顶或简易张拉机具
	锥形螺杆锚具		
	钢丝束镦头锚具	钢丝束	拉杆式千斤顶或穿心式千斤顶
	螺杆销片夹具	钢筋束	
	JM12 型锚具(夹片式)	钢筋束、钢绞线束	穿心式千斤顶
	XM 型锚具(夹片式)	钢绞线束、钢丝束	
	QM 型锚具(夹片式)	钢绞线束、钢丝束	
	钢质锥形锚具(锥销式)	钢丝束	锥锚千斤顶
	KT－Z 型锚具(锥销式)	钢筋束、钢绞线束	
	帮条锚具	粗钢筋	
电张法	锥形螺杆锚具	粗钢筋	
	帮条锚具	粗钢筋	

预应力混凝土结构工程用锚具在锚固部位的布置,应根据锚具型号、预应力筋数量、混凝土强度等级等条件,进行局部承压验算。锚具间距应满足最小间距的要求。当锚具下的锚垫板要求采用喇叭管时,宜选用钢制或铸铁的产品,锚垫板下应设置足够的螺旋钢筋或网状分布钢筋。

锚垫板与预应力筋(或孔道)在锚固区及其附近应相互垂直。锚垫板上宜设灌浆孔,此孔还可用于排气或安设水泥浆泌水补偿器。选用锚具时,应根据张拉设备的要求,使现场有足够的操作空间。

工程设计选定的锚具或连接器,应在设计图纸上注明形式、规格及性能要求,不得指定生产厂名或以独家产品型号间接指定生产厂名。

能够适用于高强度预应力钢材的锚具(或连接器),也可用于较低强度的预应力钢材;仅适用于低强度预应力钢材的锚具(或连接器),则不得用于高强度的预应力钢材。在施工中,锚具需要代换时,应经工程设计责任方审核同意。

夹具和先张法预应力筋连接器的选用,应根据预应力筋的品种、规格、张拉设备形式以及工艺操作要求,由构件的生产单位或生产线的设计单位确定。

二、进场验收

锚具、夹具和连接器进场时,除应按出厂合格证和质量证明书核查其锚固性能类别、型号、规格及数量外,还应按下列规定进行验收。预应力筋用锚具、夹具和连接器的性能均应符合现行国家标准《预应力筋用锚具、夹具和连接器》(GB/T 14370—2007)的规定。

(一)锚具验收

锚具进场验收时,需方应按合同核对产品质量证明书中所列的型号、数量及适用于何种强度等级的预应力钢材,确认无误后应按下列三项规定进行检验。检验合格后方可在工程中应用。

(1)外观检查。从每批中抽10%的锚具且不应少于10套,检查其外观质量和外形尺寸;并按产品技术条件确定是否合格。所抽全部样品均不得有裂纹出现,当有一套表面有裂纹时,则本批应逐套检查,合格者方可进入后续检验组批。

(2)硬度检验。对硬度有严格要求的锚具零件,应进行硬度检验。应从每批中抽取5%的样品且不应少于5套,按产品设计规定的表面位置和硬度范围(该表面位置和硬度范围是品质保证条件,由供货方在供货合同中注明)做硬度检验。有一个零件不合格时,则应另取双倍数量的零件重做检验;仍有一件不合格时,则应对本批产品逐个检验,合格者方可进入后续检验组批。

(3)静载锚固性能试验。在通过外观检查和硬度检验的锚具中抽取6套样品,与符合试验要求的预应力筋组装成3个预应力筋——锚具组装件,并应由国家或省级质量技术监督部门授权的专业质量检测机构进行静载锚固性能试验。试验结果应单独评定,每个组装件试件都必须符合要求。有一个试件不符合要求时,则应取双倍数量的锚具重做试验;仍有一个试件不符合要求时,则该批锚具应视为不合格品。

在试验过程中,当试验数据已满足要求而组装件仍未拉断,此时,在能证明锚具的负载能力大于或等于F_{pm},可终止试验,并判定试验结果合格。

注:①对于锚具用量不多的工程,如由供货方提供有效试验合格证明文件,经工程负责单位审议认可并正式备案,可不必进行静载验收试验;②用于主要承受动荷载的锚具,可进行疲劳荷载试验。

(二)夹具验收

夹具进场验收时,应进行外观检查、硬度检验和静载锚固性能试验。检验和试验方法与锚具相同;但静载试验结果应符合规定。

后张法连接器的进场验收规定应与锚具相同。先张法连接器的进场验收规定应与夹具相同。

划分进场验收批时,只有在同种材料和同一生产工艺条件下生产的产品,才可列为同一批量。锚固多根预应力钢材的锚具或夹具应以不超过1 000套为一个验收批；锚固单根预应力钢材的锚具或夹具，每个验收批可扩大为2 000套。连接器的每个验收批不宜超过500套。每个工程或标段不宜使用两个生产厂家提供的产品。

三、使用要求

预应力筋用锚具、夹具和连接器在储存、运输及使用期间均应妥善保管维护，避免锈蚀、沾污、遭受机械损伤、混淆和散失。

预应力筋用锚具、夹具和连接器安装前应擦拭干净。当按施工工艺规定需要在锚固零件上涂抹介质以改善锚固性能时，应在锚具安装时涂抹。

钢绞线穿入孔道时，应保持外表面干净，不得拖带污物；穿束以后，应将其锚固夹持段及外端的浮锈和污物擦拭干净。

使用钢丝束镦头锚具前，首先应确认该批预应力钢丝的可镦性，即其物理力学性能应能满足镦头锚的全部要求。钢丝镦头尺寸不应小于规定值，头形应圆整端正。钢丝墩头的圆弧形周边出现纵向微小裂纹时，其裂纹长度不得延伸至钢丝母材，不得出现斜裂纹或水平裂纹。

钢绞线挤压锚具挤压时，在挤压模内腔或挤压元件外表面应涂润滑油，压力表读数应符合操作说明书的规定。挤压后的钢绞线外端应露出挤压头2～5mm。

夹片式、锥塞式等形式的锚具，在预应力筋张拉和锚固过程中或锚固完成以后，均不得大力敲击或振动。

利用螺母锚固的支承式锚具，安装前应逐个检查螺纹的配合情况。对于大直径螺纹的表面应涂润滑油脂，以确保张拉和锚固过程中顺利旋合和拧紧。

钢绞线压花锚成型时，应将表面的污物或油脂擦拭干净，梨形头尺寸和直线段长度不应小于设计值，并应保证与混凝土有充分的黏结力。

思考题

1. 后张锚固体系由哪几部分组成？
2. 根据锚固原理，锚具分为哪几类？
3. 预应力粗钢筋锚固体系有哪些？常用的是哪种？与何种千斤顶配套使用？
4. 预应力钢丝锚固体系有哪些？
5. 国内预应力钢绞线锚固体系有哪些？
6. 国外著名的锚固体系有哪些？
7. OVM圆锚和扁锚的张拉端、固定端、连接器的构成？

第四章　预应力设备

学习目标：

1. 熟悉张拉设备的种类；
2. 了解张拉设备的工作原理
3. 熟悉预应力用高压油泵的组成
4. 掌握油泵的操作及注意事项，
5. 掌握张拉设备的工作条件及操作
6. 掌握灰浆泵的使用方法和使用过程中的注意事项

第一节　液压千斤顶

预应力筋的张拉机械有液压式、机械式和电热式三种。桥梁工程中通常采用液压式千斤顶，由电动高压油泵提供动力，推动千斤顶完成对预应力筋的张拉、锚固作业。此类千斤顶除供预应力张拉使用外，还可以配套卡具作重物提升，以及大吨位千斤顶用做预应力混凝土桥梁顶推施工等。目前，国内设计的预应力千斤顶，额定油压力提高到 50MPa 及 63MPa，张拉吨位在 25 ~ 12 000kN，并已系列化，能够满足各种预应力工程的需要。

液压千斤顶是液压张拉机械的主要设备，按工作特点分为单作用、双作用和三作用三种形式；按构造特点分为台座式、拉杆式、穿心式和锥锚式四种形式；按张拉吨位大小可分为小吨位（<250kN）、中吨位（>250kN，<1 000kN）和大吨位（>1 000kN）。以下分别介绍几种常用的千斤顶。

一、YG－70 型穿心式单作用千斤顶

YG70 型穿心式单作用千斤顶是预应力粗钢筋和精轧螺纹钢的专用设备，其构造示意图如 图 4-1 所示，主要技术性能见表 4-1。

YG－70 型穿心式单作用千斤顶技术性能　　表 4-1

<table>
<tr><td>额定油压(MPa)</td><td>40</td><td colspan="2">外形尺寸
长(mm)×宽(mm)×高(mm)</td><td>519×270×333</td></tr>
<tr><td>活塞面积(cm^2)</td><td>190.85</td><td rowspan="3">质量</td><td>拧紧装置(kg)</td><td>8.5</td></tr>
<tr><td>张拉力(t)</td><td>72.5</td><td>千斤顶(kg)</td><td>76.5</td></tr>
<tr><td>张拉行程(mm)</td><td>100</td><td>总质量(kg)</td><td>85.0</td></tr>
<tr><td>穿心拉杆直径(mm)</td><td>64</td><td colspan="3">配套高压胶管</td></tr>
<tr><td>用油品种</td><td colspan="4">建议：夏季用 30 号机械油、冬季用 20 号机械油</td></tr>
</table>

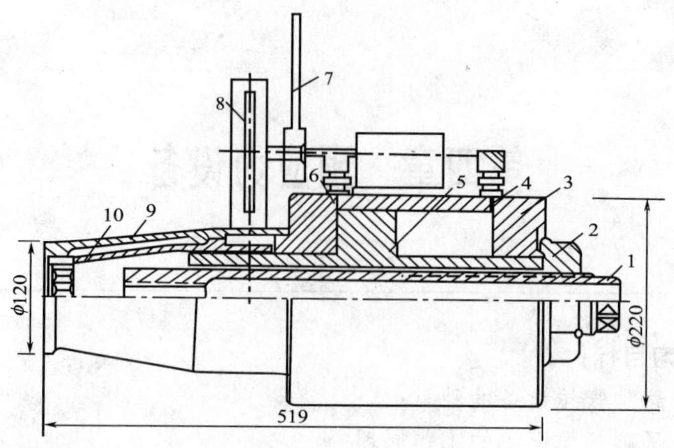

图 4-1　YG－70 型千斤顶示意图

1-穿心拉杆;2-穿心拉杆螺母;3-油缸;4-后油嘴;5-活塞;6-前油嘴;7-反正棘轮扳手;8-链轮;9-撑套;10-链轮套管

YG70 型穿心式单作用千斤顶操作步骤如图 4-2 所示。

施加预应力时采取边张拉、边拧紧锚具的方法:

(1)安装锚具为螺母及垫板,用扳手拧紧。

(2)将穿心拉杆旋戴在预应力高强精轧螺纹粗钢筋上至少 6 扣螺纹。

(3)千斤顶就位,套在穿心拉杆上,撑套脚抵押垫板,链轮套管套上螺母,带上并拧紧穿心拉杆螺母。

(4)前油嘴进油,后油嘴回油,活塞向后移动张拉预应力钢筋,并随张拉不断转动拧紧装置,直至设计要求。

(5)前油嘴回油,后油嘴进油,活塞向前移,一次张拉结束。

(6)若需进行二次张拉,先将穿心螺杆螺母向前旋进并拧紧,重复第 4、第 5 项动作即可。

(7)经过二次张拉还没有满足设计伸长量时,可将穿心拉杆向前旋进,使穿心拉杆端部接近螺母顶面,再重复第 4、第 5 项动作。

(8)第 6、第 7 项动作可交叉进行,可满足长钢筋大伸长量的要求,这也是 YG70 型千斤顶的特点之一。

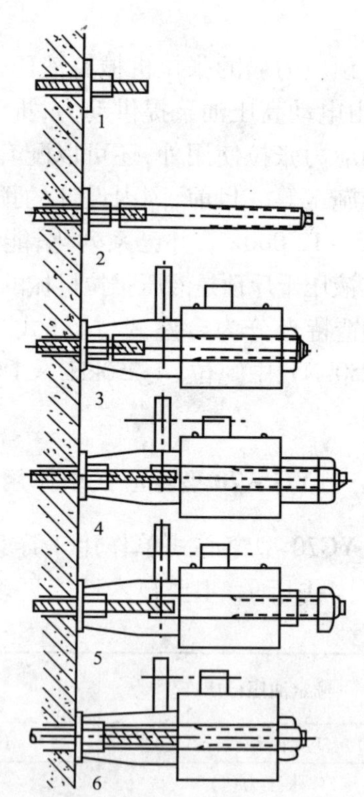

图 4-2　YG－70 型千斤顶施加预应力示意图

注:1、2、3、4、5、6 分别表示 YG70 型穿心式单作用千斤顶操作步骤。

二、锥锚式千斤顶

锥锚式千斤顶(图 4-3)是具有张拉、顶锚和退楔功能作用的千斤顶,仅用于带钢质锥形锚具的钢丝束;锥锚式千斤顶的构造如图 4-4 所示。

锥锚式千斤顶由张拉油缸、顶压油缸、退楔油缸、锥形卡环和退楔翼片等组成。

锥锚式千斤顶的张拉油缸和活塞用于张拉钢丝束,缸体前端有锥形卡环及楔块,用于将张拉的钢丝束固定在张拉缸上。顶压油缸和活塞用于推顶锥形锚具中的锚塞,将钢丝束锚固在构件上。

图 4-3 锥形锚张拉千斤顶

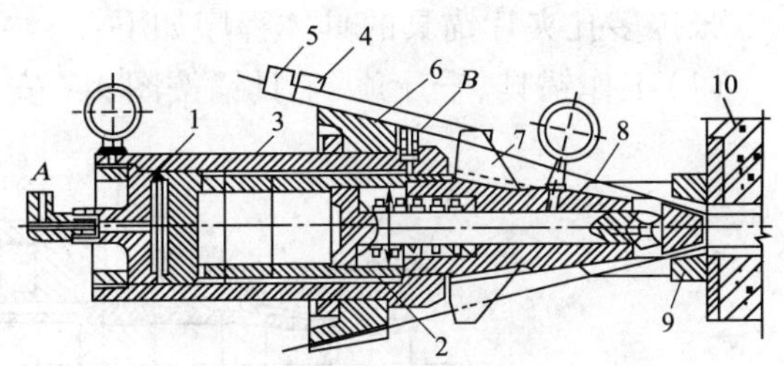

图 4-4 锥锚式千斤顶

1-张拉油缸;2-顶压油缸;3-退楔油缸;4-楔块(张拉时位置);5-楔块(退出时位置);6-锥形卡环;7-退楔卡环;8-钢丝束;9-锥形锚具;10-构件 A、B 进油嘴

张拉钢丝束时(表 4-2),液压油通过进油嘴 *A* 进入张拉油缸,张拉油缸移动,带动锥形卡环,钢丝束即被张拉。张拉到要求拉力时,张拉油缸控制阀关闭,顶压油缸通过进油嘴 *B* 进油,顶压活塞顶压锚塞,使钢丝束锚固。锚固结束后,张拉油缸回油,退楔油缸进油,将张拉油缸拉回张拉前的位置,同时顶压油缸也回油,利用复位弹簧的作用,使顶压活塞复位。

锥锚式千斤顶操作程序 表 4-2

工 序	工 序 名 称	进、回油情况		动 作 情 况
		A 油嘴	B 油嘴	
1	张拉前准备	回油	进油	1. 油泵停车或空载运转; 2. 安装锚环、对中套、千斤顶; 3. 开泵后将顶压油缸伸出一定长度,供退楔用; 4. 将钢丝按顺序嵌入卡环槽内,用楔块夹紧
2	张拉预应力筋	进油	回油	1. 顶压缸右移顶住对中套、锚环; 2. 张拉缸带动卡环左移张拉钢丝束
3	顶压锚塞	关闭	进油	1. 张拉缸持荷,稳定在设计的张拉力; 2. 顶压活塞杆右移,将锚塞强力顶入锚环内; 3. 弹簧压缩

三、YCW 型千斤顶

YCW 型千斤顶(图 4-5)是在 YCQ 型千斤顶的基础上发展起来的,其通用性强。

YCW 型千斤顶的构造如图 4-6 所示。YCW 型千斤顶主要由三大部分组成:一是出油缸、穿心套、定位螺母、堵头、密封板、压紧环及其密封件组成的“不动体”;二是由活塞及其密封件组成的“运动体”;三是便于吊运的提手部分。

图 4-5 夹片群锚张拉千斤顶

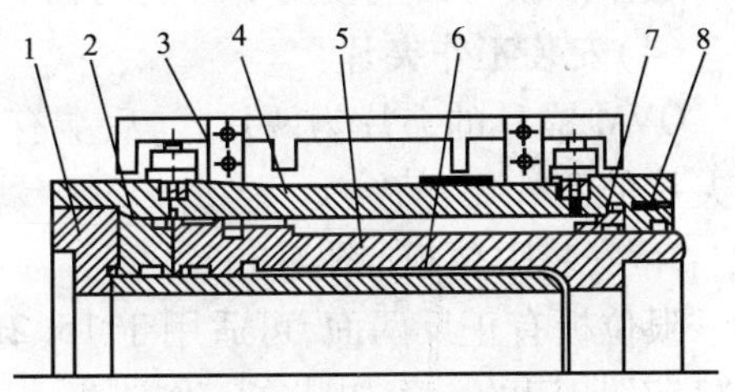

图 4-6 YCW 型千斤顶

1-定位螺母;2-堵头;3-提手;4-出油缸;5-活塞;6-穿心套;7-密封;8-压紧环

(一)YCW 型千斤顶的操作程序

张拉多孔夹片锚具的具体程序如下:

(1)工作锚具、千斤顶、工具锚按图 4-7 安装即可开始张拉。

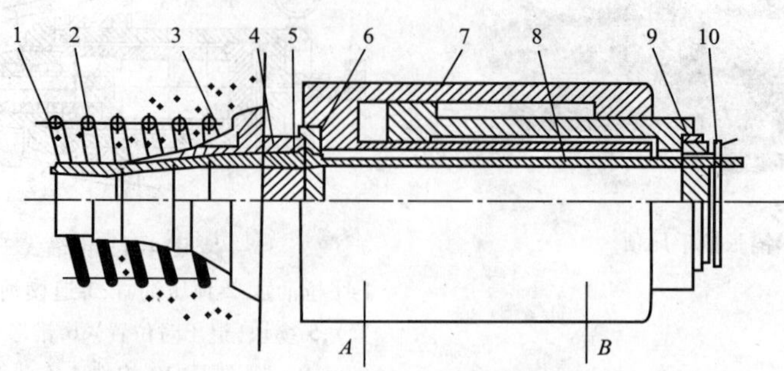

图 4-7 YCW 型千斤顶用于多孔夹片锚具的安装

1-波纹管;2-螺旋筋;3-锚垫板;4-工作锚板;5-工作夹片;6-限位板;7-千斤顶;8-钢绞线;9-垫环;10-自动工具锚(组件)

(2)向千斤顶 A 路(张拉缸)供油,进行张拉。调节油泵节流阀,以控制油压高低和张拉速度。

(3)在活塞外伸时,工具锚夹片自行夹紧钢绞线。工作锚夹片因受限位板的支托,被稍微带出,但不会退出工作锚。

(4)在活塞行程还余约 10mm,应停止向 A 路供油,此时可将节流阀回旋,同时旋回截止阀,A 路压力降至零点。由于钢绞线束的回缩,活塞将被拉回 1 ~5mm,这时工作锚夹片被带入工作锚板内而自行夹紧。

(5)向千斤顶 B 路(回程缸)供油、活塞回程,活塞留约 10mm 行程即可停止供油。至此,已完成一次张拉循环。如果钢绞线束被张拉长度较短,一次就可达到张拉控制应力。如果钢绞线束较长,一次张拉应力、伸长值达不到要求,则须二次张拉。

(6)此时,自动工具锚夹片与锚板自行脱离,因此二次张拉前需将工具锚夹片重新推入工具锚板锥孔中,重复上述 1、2、3、4、5 步,如此连续张拉,直至达到设计要求的张拉应力或伸长值为止。

YCW 安装张拉杆后可张拉 LZH 冷铸锚和 DM 镦头锚,YCD 变形千斤顶专门用于张拉喷涂 PC 钢绞线。

(二)主要张拉流程示意图如图 4-8 所示,流程概括如下:

1. 准备工作[图 4-8a)]

(1)编束

按设计要求进行编束。

(2)穿束或布束

(3)安装工作锚板

工作锚板与锚垫板要尽可能同轴。

(4)安装工作夹片

OVM 锚具的夹片为两片式,后端有 O 型圈连接。安装好后用工具把夹片打紧,注意同一副夹片的两片要平整。

2. 安装限位板[图 4-8b)]

限位板有正反两面,可适用于 15.2mm 和 15.7mm 两种规格的钢绞线。将限位板端面打有“157”印记的一面扣装在工作锚板上。

3. 安装千斤顶[图 4-8c)]

千斤顶前端止口应对正限位板。

4. 安装工具锚[图 4-8d)]

工具锚应与前端工作锚板的孔位一一对应,不应使工具锚与工作锚之间的钢绞线扭绞。

5. 张拉程序[图 4-8e)]

(1)预张拉:按现行施工规范给定的初张拉吨位预张拉,并记录伸长值初读数;

(2)继续向千斤顶加油至设计油压值;

(3)测量伸长值并做好张拉记录;

6. 锚固[图 4-8f)]

打开高压油泵截止阀,缓慢将千斤顶的油压降到零,活塞回程。工作夹片即自动跟进锚固钢绞线。

7. 拆除设备[图 4-8g)]

(1)卸下工具锚、千斤顶、限位板;

(2)切除多余钢绞线。

8. 灌浆[图 4-8h)]

9. 封锚[图 4-8i)]

用混凝土将锚头部位封平。

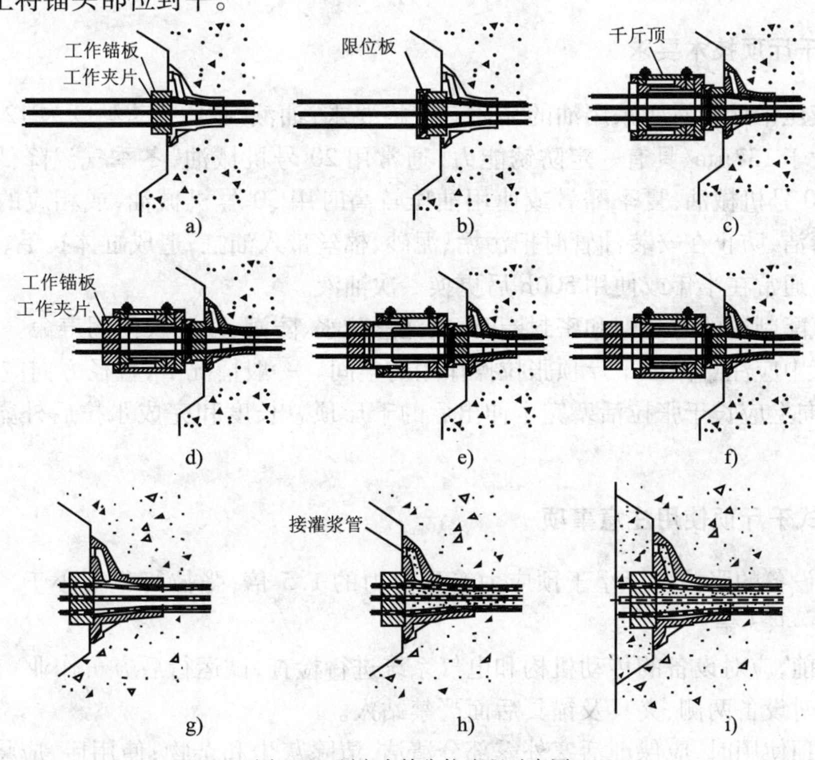

图 4-8 预应力筋张拉流程示意图

四、前置内卡式千斤顶

前置内卡式千斤顶是将工具锚安装在千斤顶前部的一种穿心式千斤顶(图 4-9),这种千斤顶的优点是节约预应力钢材,使用方便、效率高。前置内卡式千斤顶广泛应用于张拉单根钢绞线或 $7\phi^s5$ 钢丝束。

前置内卡式千斤顶由外缸、活塞、内缸、工具锚、顶压器等组成,结构如图 4-10 所示。在高压油作用下,顶压器与活塞杆不动,油缸后退,从而工具锚夹片夹紧钢绞线。随着高压油不断作用，油缸继续后退，夹持钢绞线后退完成张拉工作。千斤顶张拉后，回油到底时工具锚夹片被顶开，千斤顶与工具锚一次退出。

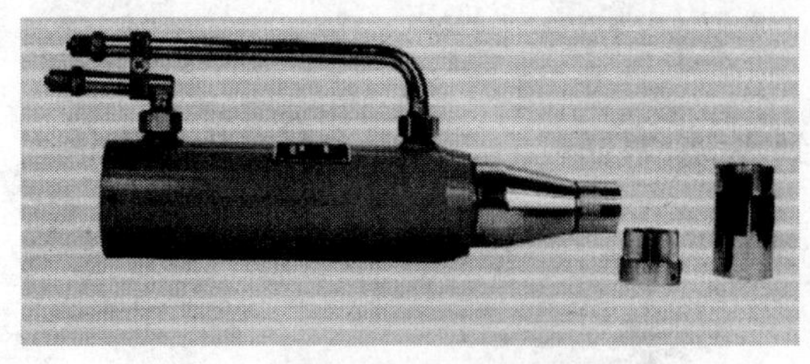

图 4-9　前卡式夹片锚单根张拉千斤顶

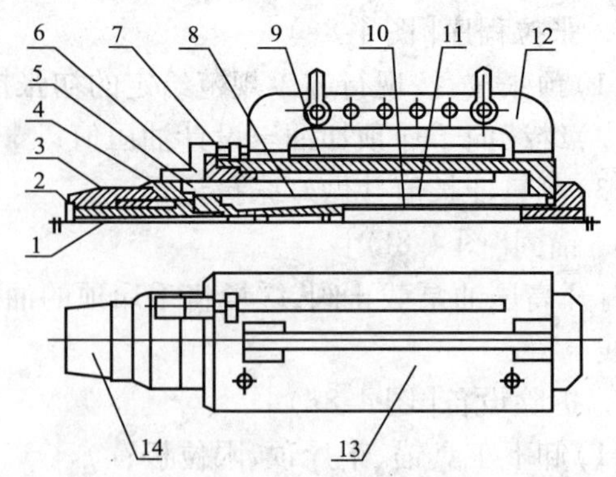

图 4-10　前置内卡式千斤顶

1-回程弹簧；2-顶压活塞；3-顶压头；4-顶压油缸；5-活塞；6-止转体；7-油缸；8-工具夹片；9-标尺；10-预紧弹簧；11-穿心套；12-提手；13-主千斤顶；14-顶压器

五、液压千斤顶技术要求

预应力液压千斤顶对所采用油的品质有严格要求，油液 50℃运动黏度为 12 ~ 60N/mm^2、杂质直径不大于 137μm、具有一定防锈能力（通常用 20 号机械油，冬季气温降低或工作用油压较低时用 10 号机械油，夏季酷暑或使用油压较高时用 30 号机械油，或相应的液压用油）。油液应注意清洁，防止在安装油管时把污垢、泥砂、棉丝带入油缸，造成缸体拉毛、摩阻增加，甚至损坏油缸。通常在半年或使用 500h 后更换一次油液。

使用聚氯酯制造的防尘圈和密封圈时，应注意防水、防潮，以延长使用寿命。

结构设计中应注意保证千斤顶张拉操作用的空间。一般情况下，直径方向应有10 ~ 20mm 间隙，长度方向上应长于张拉活塞完全伸出后的千斤顶总长度和完成张拉后外露的预应力索长度之和。

六、液压式千斤顶使用注意事项

(1)张拉设备的张拉力不小于预应力筋张拉力的 1.5 倍；张拉行程不小于预应力筋张拉伸长值的 1.1 ~ 1.3 倍。

(2)开机前，应对设备的传动机构和电气系统进行检查，试运行后方可作业。

(3)张拉时设备两侧、夹具及锚具后面严禁站人。

(4)千斤顶使用时，应保证活塞外露部分清洁，清除灰尘和杂物；使用后，应将油缸回程到底，保证油的进出口处清洁，加封盖。

(5)千斤顶张拉计压时，应观察千斤顶位置是否偏斜，必要时应回油调整。进油升压必须缓慢、均匀、平稳，回油降压时应缓慢松开回油阀，使各油缸回程到底。

(6)双作用千斤顶在张拉过程中，应使顶压油缸全部回油。在顶压过程中，张拉油缸应予持荷，以保证恒定的张拉力，待顶压锚固完成时，张拉缸再回油。

(7)出现紧急情况应立即停机，检查并排除故障后再行使用。设备工作时不得检修、调整。

(8)施加预应力所用的张拉设备及仪表应由专人使用和管理,并应定期维护和校验,以提高施加预应力时张拉力的控制精度。

(9)千斤顶与压力表应配套校验、配套使用,即在使用时严格按照标定报告上注明的油泵号、油表号和千斤顶号配套安装成张拉系统使用。

七、液压千斤顶常见故障和排除方法

液压千斤顶常见故障和排除方法见表4-3。

液压千斤顶常见故障和排除方法 表4-3

故障	原因	排除方法
千斤顶张拉活塞不动或运动困难	1. 操作阀用错 2. 回程油缸没有回油 3. 张拉缸漏油 4. 油量不足 5. 活塞密封圈胀的太紧	1. 正确使用操作阀 2. 使回程回油 3. 根据漏油原因排除 4. 加足油量 5. 检查密封圈规格,选择正确的更换
活塞不回程或回程困难	1. 操作阀用错 2. 张拉缸没有回油 3. 回程缸漏油 4. 回程进油量不足	1. 正确使用操作阀 2. 使张拉缸回油 3. 根据漏油原因排除 4. 加足油量
千斤顶活塞运行不平稳或爬行	油缸中存有空气	空载往复运行几次排除空气
千斤顶缸体或活塞刮伤	1. 密封圈损坏 2. 密封圈上混有铁屑或砂粒 3. 缸体变形	1. 更换密封圈 2. 清除杂物,修复缸体或活塞 3. 检查缸体修复或更换
漏油	1. 油封失灵 2. 油嘴连接部位密封不严	1. 更换密封圈 2. 修理连接油嘴或更换垫片
千斤顶连接油管爆裂	1. 油管拆卸次数过多,使用过久 2. 压力过高 3. 焊接不良	1. 注意拆卸,避免弯折,不易修复时应更换油管 2. 检查油压表是否失灵,压力是否超过规定压力 3. 焊接牢固

第二节 油 泵

预应力高压油泵是预应力液压机具的动力源。油泵的额定油压和流量,必须满足配套机具的要求。大部分预应力液压千斤顶等液压机具,都要求油压在50MPa以上,流量较小。能够连续供高压油,供油稳定,操作方便。

高压油泵按驱动方式分为手动和电动两种。目前,国内生产油泵大部分为电动式高压油泵,电动油泵又分为轴向式和径向式两种,能与各种机具配套,完成预应力筋张拉、钢筋冷拉、冷镦和重物提升、起重以及进行钢筋压接、冷弯、切断等工作,减轻劳动强度,提高工作效率。

ZB1-630型和ZB4-500型电动油泵是预应力混凝土行业用得最多的油泵,主要用于预应力筋的张拉、预应力筋的镦头、结构或构件试验的加荷、液压起重、液压顶推和液压提升等的动力源。其优点是性能稳定、液压千斤顶配套性好、适应范围广、加工性能好、价格低廉。缺点是在吊运不便和大千斤顶配套使用时油箱容积不够,配套小千斤顶在高空作业时,推动不方便等。

一、ZB4-500 型电动油泵

ZB4-500 型电动油泵是目前通用的预应力油泵（图 4-11），主要与额定压力不大于 50N/mm^{2}的中等吨位的预应力千斤顶配套使用，也可供对流量无特殊要求的大吨位千斤顶和对油泵自重无特殊要求的小吨位千斤顶使用，还可供液压镦头用。

ZB-500 型电动油泵由泵体、控制阀、油箱小车和电气设备等组成，如图 4-12 所示。

图 4-11　油泵

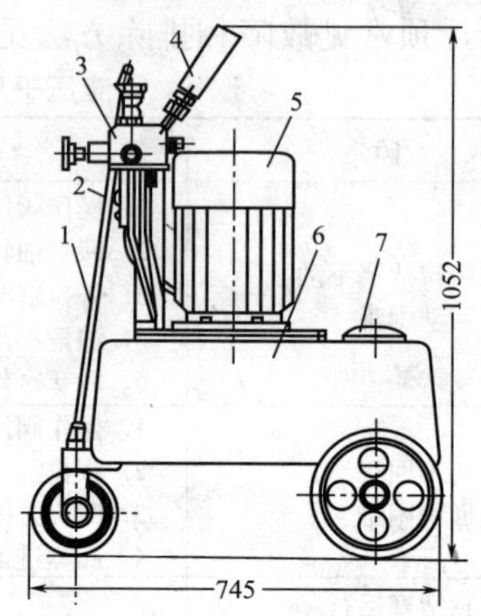

图 4-12　ZB4－500 型电动泵

1-拉手；2-电器开关；3-组合控制阀；4-压力表；5-电动机及泵体；6-油箱小车；7-加油口

ZB-500 型电动油泵泵体采用阀式配流的双联式轴向定量泵结构形式。双联式即将同一泵体的柱塞分成两组，共用一台发动机，由公共的油嘴进油，左、右油嘴各自出油，左、右两路的流量和压力互不干扰。

控制阀由节流阀、截止阀、溢流阀、单向阀、压力表和进、出、回油嘴等组成，如图 4-13 所示。节流阀控制进油速度，关闭时进油最快。截止阀控制卸荷，进油时关闭，回油时打开。单向阀控制持荷。溢流阀控制最高压力，保护设备。

ZB4-500 型电动油泵的控制油路如图 4-14 所示，采用旁路节流、单向阀持荷的控制油路系统。有两条独立的油路，可满足预应力千斤顶的张拉、顶压、回程、持荷、调压、调速和有关液压机具加压进油和卸压回油等施工操作要求。ZB-500 型电动油泵的操作程序如表 4-4 所示。

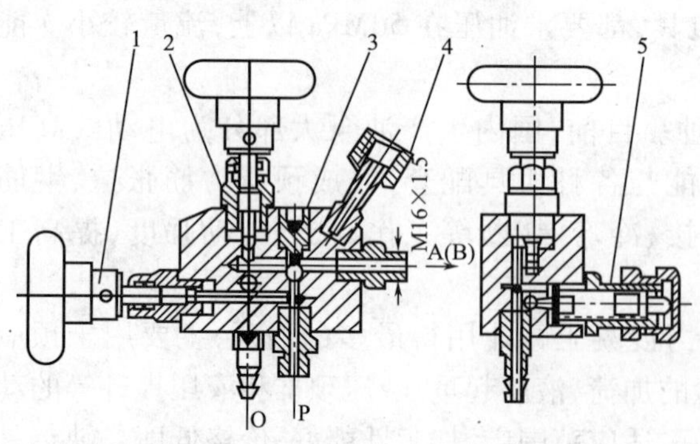

图 4-13　ZB4-500 型电动油泵控制阀

1-节流阀；2-截止阀；3-单向阀；4-压力表座；5-安全阀

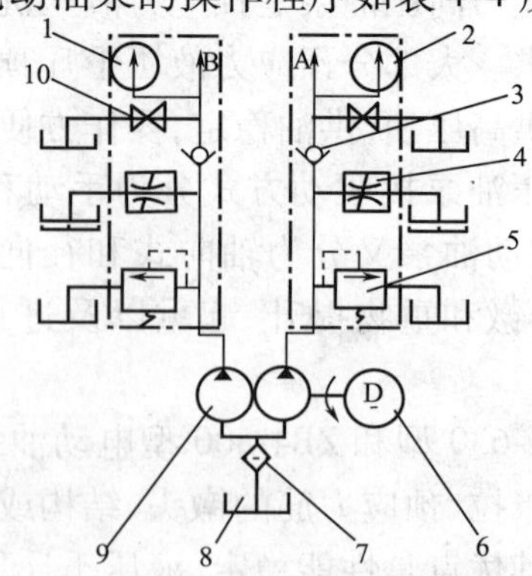

图 4-14　ZB4-500 型电动油泵控制油路

1、2-压力表；3-单向阀；4-节流阀；5-溢流阀；6-电动机；7-滤油器；8-油箱；9-双联式油泵；10-截止阀

ZB-500 型电动油泵的操作程序 表 4-4

阀门操作 / 工作过程	节流阀		截止阀		应用举例
	左	右	左	右	
空载运转	开	开	开或关	开或关	初运转，排气，中间空运转
左(右)路进油 右(左)路同油	关(开)	开(关)	关(开)	开(关)	千斤顶张拉，液压回程
左、右路同时进油 (限压 40MPa)	关	关	关	关	千斤顶顶压锚固，张拉缸持荷
卸荷回程	开	开	开	开	千斤顶卸荷、弹簧回程
左(右)路单路进油	关(开)	开(关)	关	关	LD10 型镦头器镦头及卸荷，其他单路液压机具加荷及卸荷
右(左)路单路回油	开	开	开	开	

注：①保持油路系统压力不降、油缸作用力稳定的持荷方法有三种。

a)停车持荷：在截止阀关闭的情况下，由单向阀截止油路；

b)开车持荷：此时应全开节流阀，油泵空载运转；

c)补压持荷：即将节流阀适当右旋，保持一定的进油量和恒定的压力值。

前两种适用于油缸密封装置及油泵单向阀，截止阀等密封性能良好的情况，后一种适用于油路系统密封性能不良，用 a)b)两法不能保持压力稳定的情况。

②系统降压的方法：将截止阀适当左旋，降压至所要求的数值后再关闭。

二、高压油泵要求

(1)电源必须用三相四线，380V 交流电源，零线必须可靠连接。电路绝缘好，严防触电。

(2)油管及其接头应按规定制造。推荐用三层钢丝纺织橡胶软管，内径为 6mm，配用快装接头。建议进油管与回油管采用不同的颜色区分，以便操作。

(3)油压表在下列情况之一时，应和对应千斤顶一起进行校验：

①使用新的或刚修复的油压表时；

②使用新的或刚修复的千斤顶时；

③经常作用，使用两个月时；

④张拉过程中预应力筋突然断裂而查不到原因时；

⑤长期停用，重新启用时。

校验的测力设备可选用材料试验机、测力计或压力传感器。这些设备的误差范围应不大于 1%。

三、油泵的使用注意事项

(1)油泵宜采用 10 号或 20 号机械油，在加入油箱前，油液应过滤。对于经常使用的油泵，液压油应每月过滤一次，间断使用的每 3 个月过滤一次。油箱应定期清洗，油箱内一般要保持 85% 左右的油位，添加油的标号应与存油相同。

(2)启动电机时，应注意检查各阀门手轮位置，保证空载启动。

(3)油路有压力后，不得拆卸接头及油压表，以免油液喷出伤人。

(4)油泵不宜在超负荷下工作，安全阀须按设备额定油压调整，严禁任意调整。

(5)高压油泵运转前，应将各油路调节阀松开，然后开动油泵，待空载运转正常后，再紧闭回油阀，逐渐旋拧进油阀杆，增大载荷；并注意压力表指针是否正常；不能同时关上回油阀，以防千斤顶油压过大而爆缸。

(6)油泵停止工作时,应先将回油阀缓缓松开,待压力表慢慢退回零位后,方可卸开千斤顶的油管接头螺母。严禁在有载荷时,拆换油管和压力表。

(7)经常注意油箱中油液液面,及时添油。

四、高压油泵常见故障和排除方法(表4-5)

电动油泵常见故障和排除方法 表4-5

故　障	原　因	排除方法
排量不足	1. 泵内存气	空转运行排气
	2. 外漏	查找,处理漏点
	3. 油箱缺油	添新油
	4. 油液黏度超常	添新油调整黏度
	5. 油液污染	排放脏油,清理油箱,换新油
	6. 泵体油网堵塞	清洗干净换新油
	7. 柱塞簧损坏	更换
	8. 柱塞与柱塞套磨损	更换组件
	9. 吸、排油阀失效	更换组件
压力不足	1. 泵内存气	空转运行排气
	2. 外漏	查找,处理漏点
	3. 安全阀调定压力低	重新调定安全阀控制压力
	4. 安全阀,节流阀,吸、排油阀,柱塞与柱塞套损坏	更换新件
持压时油压回降	1. 外漏	查找,处理漏点
	2. 单向阀失灵或卸荷阀失效	更换新件
泄漏	1. 螺纹松动	拧紧
	2. 密封垫圈、垫片失效	更换新件
	3. 焊缝或管路破裂	补焊或更换新件
	4. 吸、排油阀或柱塞与柱塞套磨损	更换新件

第三节　固定端锚具制作设备

预应力筋固定端,即不需在此端进行预应力张拉。所以,设计者把此端埋入混凝土中,也可称为埋入端;也有的固定端放在构件外部,最后再进行防护处理,进行二次浇筑混凝土。放在构件外的固定端形式,也可以选用张拉端锚具作固定端,如钢绞线或钢丝束用的夹片式锚具。本节主要介绍预应力筋固定端的制作设备。

一、挤压机

挤压式固定端的锚具制作原理是套在预应力筋上的异形钢丝衬套和挤压元件(图4-15),按图4-16所示顺序安装,向油缸供高压油后,顶杆将挤压元件、钢绞线一起推入挤压模锥孔中,由于模孔小端直径小于挤压元件外径尺寸,使挤压元件牢牢地压缩在预应力筋上的异形钢丝衬套,内侧锋利刃卡住预应力筋,外侧刃嵌入挤压元件,制成锚固性能非常可靠的挤压式锚具。此挤压形式也用于预应力筋连接器中锚固头的制作。

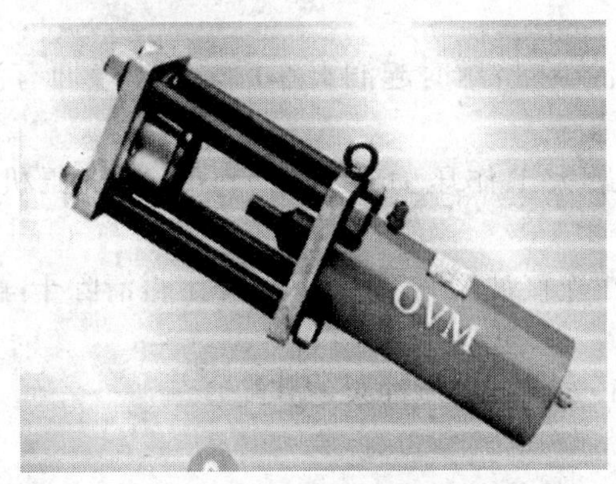

图 4-15　钢绞线挤压器

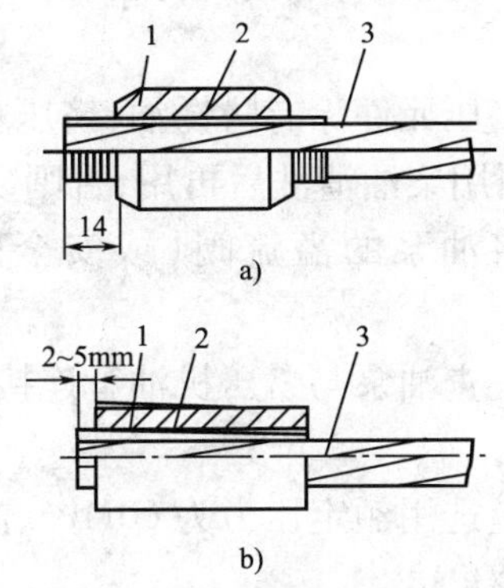

图 4-16　挤压锚示意图

a)挤压前;b)挤压后

1-挤压元件;2-异形钢丝衬套;3-预应力筋

(一)挤压机的构造

JY－45 型挤压机构造如图 4-17 所示,QM 预应力体系、QMJ 型挤锚和 QML 型连接器配套的专用设备。设备适用于制作预应力钢绞线和钢丝束的挤压锚,主要由油缸、活塞、顶杆、挤压模等件组成。

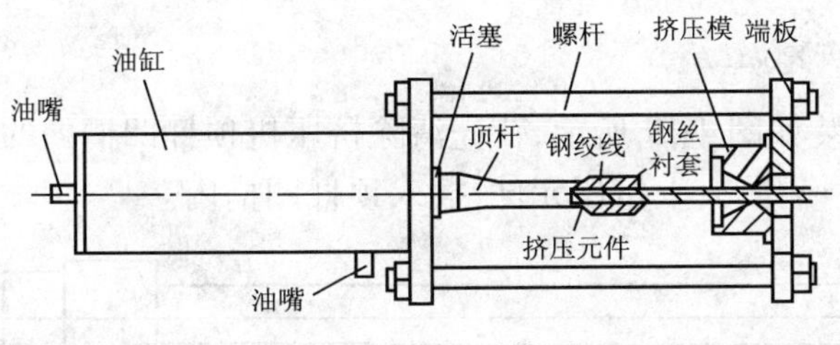

图 4-17　JY－45 型挤压机

(二)挤压机的检验

挤压机主要由液压千斤顶和挤压模等组成,对于挤压机的试验及验收,参照千斤顶标准进行。

1. 空载运行试验

挤压机与配套油泵连接后,首先空载启动油泵转动 2～3min,冬季气温低时,时间还应加长。然后,操作控制阀,使千斤顶空载往返 3 次,观察油路系统有无渗漏,活塞运行是否均匀,有无爬行现象,空载运行压力不得超过额定油压 4%。一切正常时,再进行负荷试验。

2. 满载检验

利用挤压机本身的螺杆、端板作为反力架。取下顶杆,在挤压模与活塞之间加装大于 5cm 厚度的钢垫块,使挤压机活塞伸出顶住垫块加荷,油压升至 63MPa,达到满负荷。观察油路系统有无渗漏等不正常现象。通过满载检验后,就可以在实际工程中应用。

(三)挤压机的操作

下面以钢绞线挤压锚为例介绍用挤压机制作挤压锚的操作过程:

1. 挤压前检查

(1)按液压系统图连接各设备,然后开动油泵,使挤压机活塞载空运行 2～3 次,无异常时,方能进行挤压。

(2)挤压用的钢绞线在切断时,断面齐整,不得歪斜。

(3)检查钢绞线、钢丝衬套、挤压元件、挤压模、挤压顶杆是否配套,不得与其他厂家产品混用。

(4)挤压元件涂有防锈油,挤压模内应涂黄油,在挤压时起润滑作用。如果表面有泥土、灰沙,必须用柴油清洗后再用,否则易损坏挤压模。

(5)将油泵的溢流阀(或安全阀)调整到最大工作压力,国产 JY—45 型挤压机调整到 60MPa。

(6)检查油泵与挤压机油管连接是否正确,在连接油管时,接头脏物一定得清除干净后再连接。

(7)应选用额定压力为 60MPa、流量为 1 ~4L/min 的高压油泵与其配套。

2. 挤压

(1)将钢丝衬套慢慢地旋入钢绞线端部,用双手使其并紧同时旋紧,紧紧地裹在钢绞线上,钢丝衬套可由 2 条拼成。安装位置及长度如图 4-18 和表 4-6 所示。

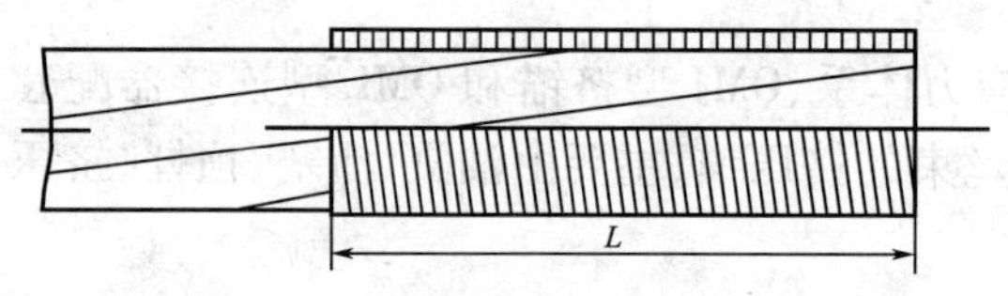

图 4-18　安装位置

挤压安装长度　　表 4-6

安装长度	12、13 系列	15、17 系列
L(mm)	56	70

(2)挤压元件的安装如图 4-19 所示,首先清除挤压机顶杆凹槽内的残留钢丝套,再把带有钢丝衬套的钢绞线穿过模孔,套上挤压元件,插入顶杆凹槽内。

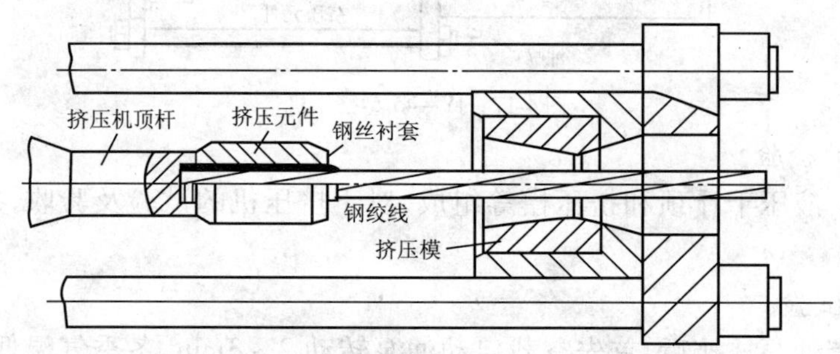

图 4-19　挤压元件的安装

(3)挤压过程不得中间停顿,应一次完成。

(4)挤压时,观察压力表的最大数值。压力过小,锚固性能不足;压力过大,易损坏设备。过大或过小都使压力表损坏或挤压元件,与挤压模不配套,应查明原因并整改。

(5)压力降低后、顶压到位后操纵阀杆,使千斤顶回程,完成挤压工序。

3. 挤压后锚固头的检查

(1)挤压后的锚固头,钢丝衬套在其两端都可见到,外端应露 2 ~5mm。

(2)清除尾端钢丝衬套。

(3)检查锚固头外径尺寸。

锚固头能通过卡规,产品合格。锚固头通不过卡规,说明因为模具孔磨损造成挤压后的锚固头直径增大,所以立即更换挤压模,或用千分尺测量挤压后锚固头外径尺寸。

二、镦头器

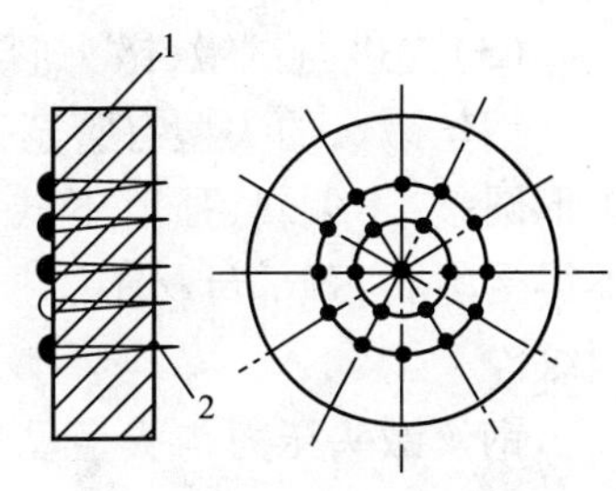

图 4-20　固定端镦头锚

1-锚板;2-钢丝

镦头锚具是锚固高强钢丝束的锚具形式之一,其固定端锚具如图 4-20 所示,在每根钢丝端部用液压镦头器,将其镦粗成大半圆形,钢丝的拉力由承压板承担,形成钢丝束为预应力筋的镦头锚固定端。

高强钢丝镦头器根据工作状态分为液压式镦头器和机械式镦头器。液压式镦头器,体积小、重量轻、操作方便、镦头质量稳定。液压式镦头器技术参数见表 4-7。

液压式镦头器技术参数　　表 4-7

项目＼型号	LD－10 型	LD－20K 型
最大镦头力(kN)	88.2	185
最大切断力(kN)	172.8	320
额定压力(MPa)	40	43
可镦钢丝规格(mm)	$\phi4$,$\phi5$,$\phi6$	$\phi7$
可切钢丝规格(mm)	$\phi4 \sim \phi12$	$\phi7 \sim \phi16$

(一)镦头器的构造及工作原理

镦头器的构造如图 4-21 所示。

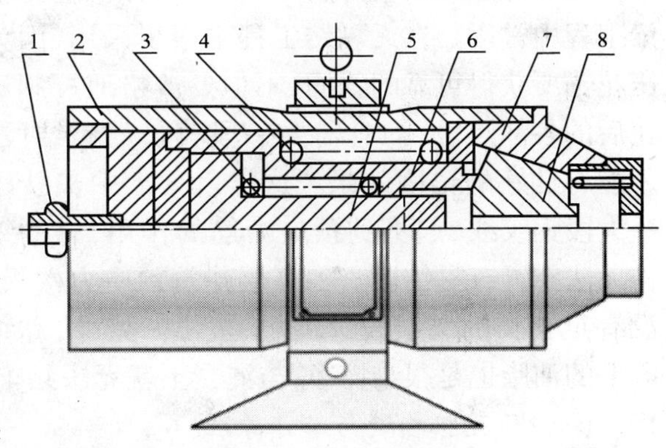

图 4-21　钢丝液压镦头器

1-油嘴;2-壳体;3-镦头活塞回程弹簧;4-夹紧活塞回程弹簧;5-镦头活塞;6-夹紧活塞;7-锚杯;8-夹片

当需镦头的钢丝插入后,开启油泵向夹紧油缸供油,夹紧活塞伸出时使带有锥面的夹片夹紧钢丝。油压继续升高时打开顺序阀,镦头油缸过油,镦头活塞伸出,将钢丝镦出半圆形头,然后停止供油,回程弹簧使镦头活塞、夹紧缸活塞回程,夹紧夹片松开,取出镦好头的钢丝,再重复上述过程,进行钢丝镦头作业。

对镦好头的形状尺寸要严格的检验,如果不符合规范要求时,及时调整压力或查找原因,完全调整好后才能正式进行钢丝镦头作业,如将镦头器的镦头模拆下换上切刀总成,可进行切筋作业。

(二)镦头锚的质量控制

镦头锚具的质量在进场后需按施工规范的规定严格执行检验控制,此节主要介绍对钢丝选材、下料、镦头的要求及检验。

(1)镦头用的钢丝应选用具有可镦性的符合国标要求的钢丝,使用钢丝束镦头锚具前,首先应确认该批预应力钢丝的可镦性,即其物理力学性能应能满足镦头锚的全部要求。钢丝镦头尺寸不应小于规定值,头形应圆整端正。钢丝墩头的圆弧形周边出现纵向微小裂纹时,其裂纹长度不得延伸至钢丝母材,不得出现斜裂纹或水平裂纹。

(2)下料后的钢丝截面应与钢丝垂直,过分倾斜时,难保证镦头质量。

(3)先进行试镦，镦头形状尺寸符合要求后，再正式进行作业。

钢丝镦头的头型有蘑菇型与平台型两种(图4-22)。镦头要求头形圆整，不偏斜，强度不低于钢丝标准强度的98%，头颈处母材不得受削弱，颈部母材不受损伤，但允许有纵向不贯通的钢丝镦头裂纹。

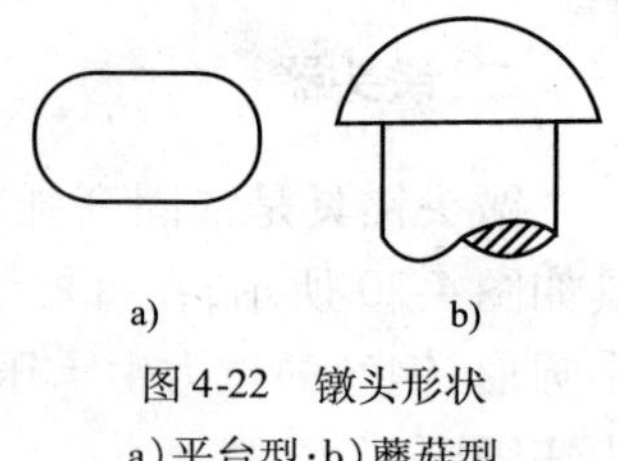

图4-22 镦头形状

a)平台型；b)蘑菇型

钢丝镦头压力与头型尺寸见表4-8。

钢丝镦头压力与头型尺寸 表4-8

钢丝直径 φ(mm)	镦头压力(MPa)	头型尺寸(mm)		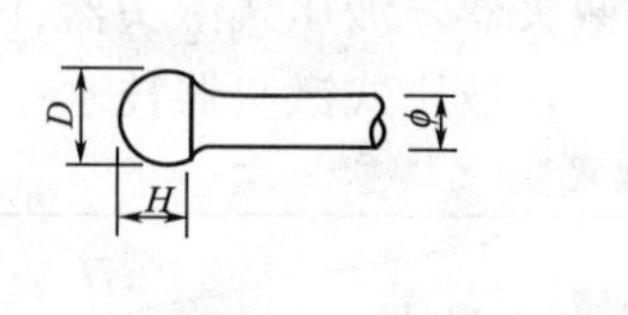
		直径(D)	高度(H)	
φp5	32～36	7～7.5	4.7～5.2	
φp7	40～45	10～11	6.7～7.3	

(4)在镦头作业中经常进行外观检验和形状尺寸检验，如发现不正常现象，认真调整及时查找原因，排除后方可再进行作业。

三、压花机

压花机是用于预应力钢绞线埋入端的制作，绞线经压花机压成梨状，埋入混凝土中，并需要一段黏结长度，构成预应力筋固定端，此压花锚多用于有黏结预应力筋(图4-23)，如预应力桥梁工程中常用。在无黏结工程中很少采用，因为压花锚要获得可靠的锚固，不但要严格地控制压花后的各部尺寸，而且需要一段较长的黏结段，才能有良好的锚固效果。这样就无形中浪费了一大段钢绞线，起不到预应力筋的作用，有的结构无法布置有黏结段。如高层建筑预应力楼板，没有足够长的黏结段.就容易拔出。另外，黏结段上的油脂也是很难擦净，与混凝土就无法黏牢。

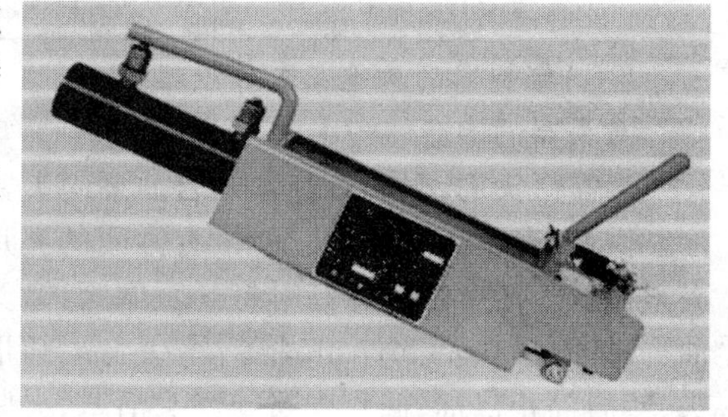

图4-23 钢绞线压花器

(一)压花机构造与工作原理

压花机的构造如图4-24所示，主要有油缸、活塞杆、机架，以及夹紧钢绞的夹具等组成。将要压花的钢绞线，插入活塞杆端部孔内，操作夹紧把手将钢绞线夹紧后，向油缸中供压力油使括塞杆伸出，当压力足够大时，把钢绞线压成梨状(图4-25)。

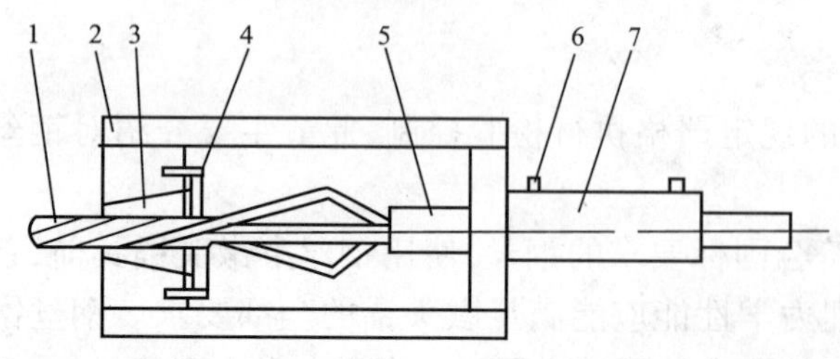

图4-24 压花机构造

1-钢绞线；2-机架；3-夹具；4-夹紧把手；5-活塞杆；6-油嘴；7-油缸

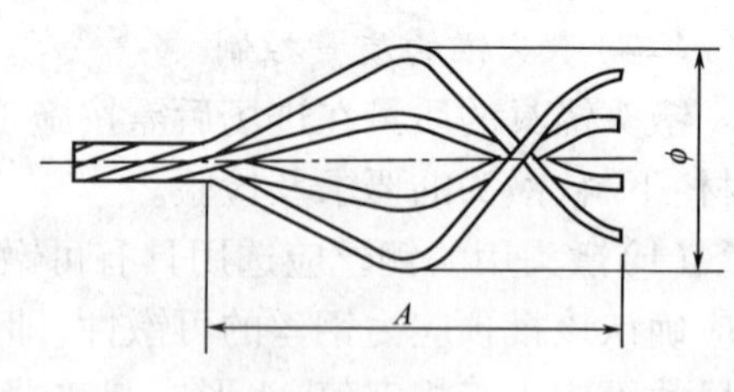

图4-25 压花锚具

压花机技术参数见表4-9。

压花机性能 表4-9

型号	最大顶压力	最大油压	油缸面积	最大行程	适用范围
HY3	30	20	16	120	ϕ12,ϕ12.7
HY20	20	16	12.6	120	ϕ12.9,ϕ15
YH30	25	30	9.6	100	ϕ15.24,ϕ15.7

(二)压花机的检验

1. 空载运行

压花机在正式使用前,首先接好油路、电路,启动油泵,使压花机空载运行,检查有无漏油、爬行等不正常现象。操作夹紧把手,看是否灵活。一切正常后可进行满载试验。

2. 满载试验

满载试验是让活塞杆全部伸出后继续使油压升高,升至40MPa,观察油路等有无漏油、缸体有无变形等不正常现象。

3. 压花锚检验

为保证压花后几何尺寸符合要求,在正式投入压花作业前,必须进行压花试件检验,就是用工程实际应用的预应力钢绞线,在压花机上进行操作。对压好的梨形固定端,进行尺寸检查,尺寸应符合表4-10规定。

尺寸检验表 表4-10

钢绞线	ϕ(mm)	A(mm)	钢绞线	ϕ(mm)	A(mm)
ϕ12	70~80	130	ϕ15	85~95	150
ϕ12.9	70~80	130	ϕ15.7	85~95	150

第四节 预应力筋切断设备

预应力筋主要有:钢绞线、高强钢丝、精轧螺纹钢及预应力热处理钢筋等。钢丝、小直径圆钢及螺纹钢可用手工剪断,常用剪线钳适用于6mm以下钢丝或钢筋的切断,劳动强度大,工作效率低。

目前预应力筋切断,大部分用圆盘砂轮切割机,能适用各种预应力筋的切割,还有采用液压式和机械式进行钢筋的切断。将镦头器的镦头模拆下换上切刀就可进行切筋作业。

一、电动圆盘砂轮切割机

电动圆盘砂轮切割机是当前工作中常用的一种切割机具,能适用于切割各种预应力筋(钢绞线、钢丝、小直径的圆钢、螺纹钢)还可用于切割管材及其他黑色、有色型材以及塑料型材,具有切割速度快、效率高、操作方便以及切割的截面整齐等特点。另外,对硬度较高的、无法用一般有齿锯切断的材料,圆盘砂轮机也能进行切割。圆盘砂轮机分为台式和手提式。

台式圆盘砂轮机(图4-26)。圆盘砂轮机(图4-26),是由能高速旋转的砂轮片直接安装在电机轴上,固定座上装有可水平转一定角度的夹钳,电机安装在活动架上与座铰接,旋转手柄用夹钳将工件夹紧,按下电机按钮、砂轮片旋转后,再慢慢按下手柄,进行工件切割。操作时用力不能过猛、过大,过轻切割效率又太低,应根据不同材料而用力适当。在快要切断时,用力轻些，否则容易损坏砂轮片。操作者应站在侧面，砂轮旋转方向严禁站人和过人，以免砂轮破碎飞出伤人。

二、手提式圆盘砂轮切割机

手提砂轮切割机是一种可提式轻便砂轮机，如图4-27所示。常用于使用圆盘砂轮不方便的地方，如张拉后预应力钢绞线、钢丝束的切割；台式圆盘砂轮切割机无法操作的地方。用于切割时，选用平盘式砂轮片；用于角向磨光时，选用碟形片。

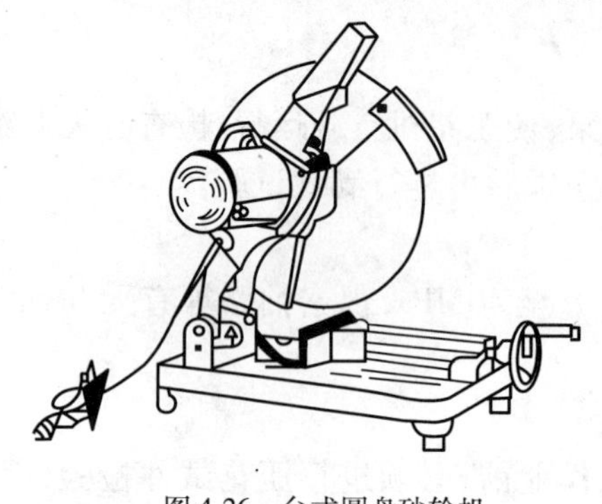
图4-26　台式圆盘砂轮机

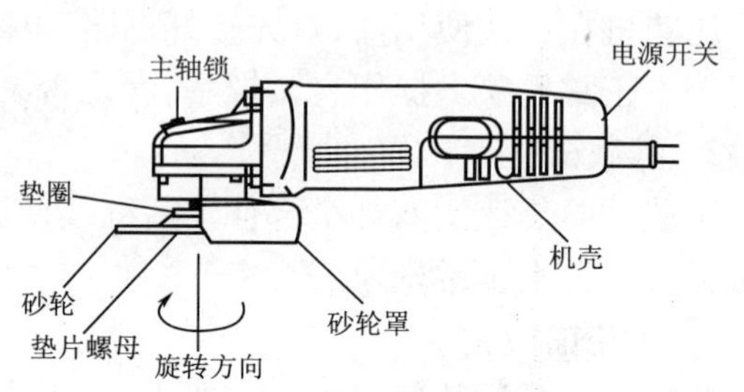

图4-27　手提式圆盘砂轮切割机

第五节　压 浆 设 备

一、压浆机的构成

压浆设备是在桥梁等构件经过张拉施加预应力后，立即进行灌压水泥的专用设备，以使钢筋束（钢绞线）在孔道中与混凝土结为一体，防止钢筋受到气蚀。压浆机应具有水灰比级配准确，拌和均匀，泵送水泥速度快等特点。目前，国内压浆设备种类复杂，尚无统一标准。

压浆设备由搅拌筒、搅拌器、储浆筒、灰浆泵、供水系统、泄浆机构等组成，如图4-28所示。如需真空辅助压浆，还应配套真空泵。水泥浆由搅拌器搅拌好后，提升泄浆机构使水泥浆自动流入储浆筒，出浆筒底部出口与灰浆泵吸入口相连，形成连续不断的搅拌和压浆作业。

图4-28　VSL-YJJ1型压浆机

（一）搅拌机

1．搅拌筒

搅拌筒有进料口、出料口和进水口组成，搅拌筒和出浆筒的构造对水泥浆的搅拌质量起很大作用。通常都是圆筒形，其筒底有的是锥形、有的是碟形，如图4-29a）、b）所示。有些根据搅拌器的不同，在筒底壁上加设挡板（图4-30）以改变水泥浆在筒内的流动状态，如图4-29c）所示。为泄浆方便，搅拌筒与储浆筒的布置多为上下垂直布置，或上下错落布置。

2．搅拌器

搅拌器是压浆机的关键部分，主要由搅拌轴、搅拌叶片座、搅拌浆叶、轴承及驱动传动系统等组成。当水与水泥分别加入搅拌筒,在搅拌叶片的作用下,水泥灰浆产生轴向上、向下循环,快速形成搅拌均匀的水泥浆。常见的搅拌器有 5 种形式,以涡轮式搅拌器、推进式搅拌器、浆叶式搅拌器 3 种结构形式最为常用,如图 4-31 所示。一般转速大于1 000r/min 的搅拌机称为高速搅拌机。

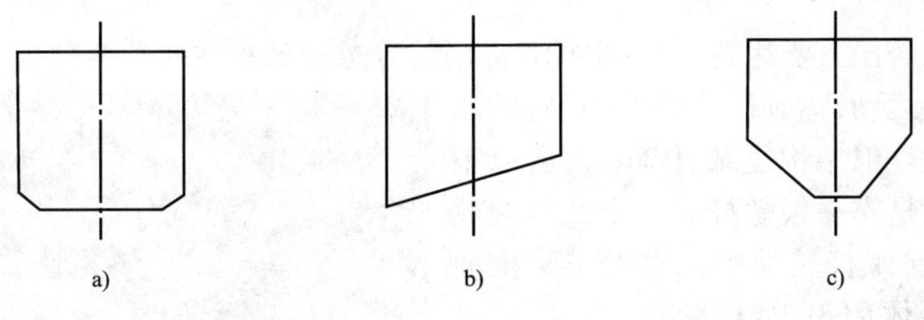

图 4-29　搅拌桶形式

a)锥形;b)碟形;c)加设挡板

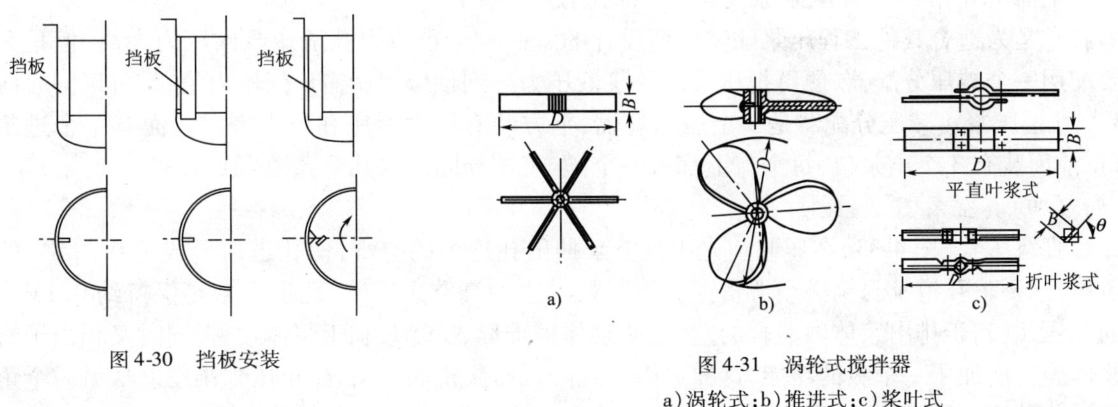

图 4-30　挡板安装

图 4-31　涡轮式搅拌器

a)涡轮式;b)推进式;c)浆叶式

(1)涡轮式搅拌器

涡轮式搅拌器的运转速度为 10 ~ 1 500r/min,搅拌叶片多设计为 3 ~ 6 个。搅拌式水泥浆的流动状态为径向涡流,在搅拌筒中由很深的漩涡产生。当搅拌筒壁内缘设有挡板时,漩涡消失,水泥浆可自搅拌浆叶片为界形成上下两个循环流。

(2)推进式搅拌器

推进式搅拌器的运转速度为 100 ~ 3 000r/min,搅拌浆叶设计为 3 个。搅拌时水泥浆的流动状态为轴向推动水泥浆循环。循环速率高,剪切作用小。在湍流区内无挡板时水泥浆生成漩涡,当搅拌桶内缘设有挡板或在搅拌器叶片外设导流桶时,则消除了漩涡,水泥浆在拌桶内上下翻腾,使轴向循环更好。

(3)浆叶式搅拌器

浆叶式搅拌器运转速度不大于 100r/min,浆叶式搅拌器多用于高黏度低速搅拌介质。其搅拌时灰浆的流动状态为低速时水平环流为主,速度高时为径流型,有挡板时为上下循环流。

(4)锚框式搅拌器

锚框式搅拌器的运转速度为 10 ~ 80r/min。搅拌时水泥浆的流动状态为水平环向流,即水平层流状态。

(5)螺带式搅拌器

螺带式搅拌器的运转速度为10～50r/min。搅拌时水泥浆的流动状态为轴流型，即水泥浆沿桶壁螺旋上升再沿搅拌器轴而下，呈纵向层流状态。

上述5种搅拌器的搅拌轴通常均为方形和圆形钢材制成（以圆形为多）。搅拌座用销子与搅拌轴连接，浆叶片采用螺栓固定在搅拌桨座上，叶片形状为矩形、箭头形等。

（二）灰浆泵

灰浆泵的泵送压力要达到0.6～6MPa，常用的有螺杆泵和柱塞泵两种（图4-32）。柱塞泵是靠活塞的往复运动，达到压浆的作用，它的压力及排量均较大。但结构复杂、体积大，所以很少采用。螺杆泵是靠一根螺杆和一个螺旋橡胶衬套组成密封腔，螺杆转动则把水泥灰浆推向压出端。这种泵体积小、结构紧凑、质量轻，被广泛采用。

图4-32　柱塞泵式压浆机

（三）减压分配器

上面所介绍的两种压浆泵，其压力都比较高。它是为适合其他工程压浆的需要而设计的。而对于预应力孔道压浆则压力太高，但是只要配用一个减压分配器，便可把压浆机的浆液压力降到预应力所需任何压力值，且可以同时向3个孔道压浆。减压分配器是一个压力容器，上方装有压力表座和压力表。背面有一个进浆口，前面装有3个出浆口，每个口上都有一个阀，可选择同时向几个孔道压浆。

（四）真空泵

真空压浆（图4-33）在压浆前先用真空泵抽出孔道内的空气，使孔道内形成约0.1MPa的负压，这要求孔道及封锚必须严密。真空压浆时边抽真空边压浆，孔道内始终保持约0.1MPa的负压，既利于排出浆体内混合的空气，使浆体很难形成气泡，利于浆体致密，同时又相当于给浆体施工增加了一个吸的功能，这样可以达到降低压浆机的负荷，减小压浆难度。从另一个角度说，可以降低水泥浆的水灰比，提高浆体的密实性和强度，减少浆体的收缩。

CZB型抽真空机主要技术参数

参数 \ 机型	CZB
电压（V）	380
功率（kW）	1.5
抽气速率（m^3/小时）	40
真空度	≥90%
体积（长×宽×高）（mm）	700×550×750
重量	126kg

图4-33　真空机及技术参数

（五）供水系统

供水系统的一个关键问题就是控制供水量。供水系统设置水箱时，水箱中要安装一个水量计量器；没有设置水箱，而是采用管道直接供水时，则要安装数字式水表来计量，确保水灰比准确。

二、压浆机的操作程序

(1)压浆机尽量安装在压浆孔道旁边,以减小管道损失。

(2)将搅拌柄的皮带拨叉拨到空转位置。

(3)启动电机,皮带轮应与指示箭头方向一致;电机皮带轮逆时针方向转动,便于拨叉拨动皮带。

(4)电动机启动后,应空转片刻,待运转正常平稳后,按动水泥称量系统和供水系统控制开关,按预先给定的配合比将水、外加剂、水泥依次投至搅拌桶;拌匀后,打开上搅拌桶放浆闸阀,把上桶水泥浆通过过滤网流到下搅拌桶,通过压浆泵体压出。

(5)上桶水泥浆放完后,关闭放浆闸阀。在上桶内按配合比加水和水泥,再搅拌一捅水泥浆待用,这样就能连续不断地向压浆泵体供浆。

(6)每次压浆完毕,压清水冲洗管道。必须把泵体各盖板打开,用清水冲洗干净,阀座部分要上防锈油。

(7)冬季停泵时,必须将泵体及管路中的积水放净,防止冻裂。

三、维护保养

(1)按说明书在机器的各润滑点加注润滑油脂。

(2)保持操纵系统清洁干燥,防止电路电器受潮。

(3)所有泥浆接触部件,特别是泵、阀、管路,使用过后要注水冲洗。若较长时间闲置不用,还应加防锈油。

第六节　管 道 设 备

一、卷管机

后张法预应力混凝土构件,必须留有穿过钢丝束或钢绞线的预留孔道。20 世纪 80 年代以前国内工程施工中,采用橡胶抽胶拔管和人工白铁管,既费时又费力。现在都采用接缝质量好、耐压、抗渗、生产效率高的壁厚在 0.25 ~ 0.5mm 范围内的波纹管。这种波纹管可以在施工现场,采用专门的卷管机来卷制(图 4-34)。

图 4-34　波纹管卷管机

大体工作程序是将钢带盘装在钢带盘支架上，通过导向润滑装置，经压波纹装置碾压成形，再将成形的钢带环绕于成管机构的心轴上，调整折边，滚花及压紧轮，启动电机带动心轴和滚花，压紧轮转动，钢带边转边成管，并在支承槽内向前移动，按照所需长度进行切割。

（一）卷管机的主要结构

卷管机主要由钢带盘支架、导向润滑装置、压波纹装置、成管装置、切割装置、传动系统、冷却系统、电器控制系统、机体和辅助装置（波纹管支架、点焊机）等部件所组成，如图 4-35 所示。

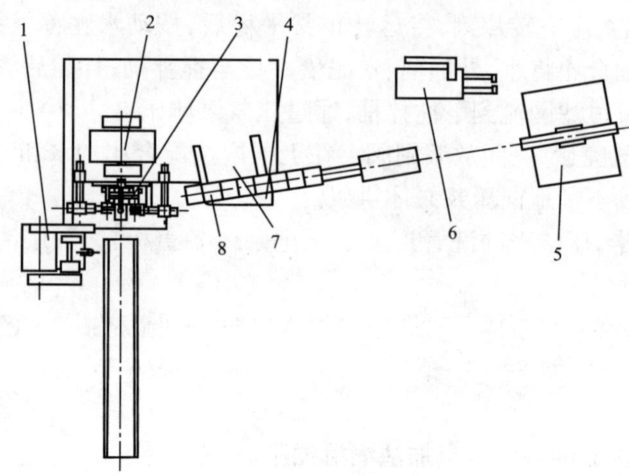

图 4-35　卷管机构成示意图

1-切割装置；2-传动装置；3-成管装置；4-电器控制系统；5-钢盘支架；6-辅助装置；7-机体；8-压纹装置

（二）卷管机的使用技术

1. 调整

（1）钢带的送进

在钢带送进之前，先把钢带装好放在钢带盘内，再将钢带盘放在钢带盘支架上，并能自由转动，谨防生锈和弄脏，如钢带表面有锈，应放入润滑油中浸泡，直到脱锈为止。

钢带送进按以下步骤进行：

①用手推钢带穿过润滑油槽和侧边导向；

②用送进手把拉钢带穿过整个压波纹装置；

③控制波纹的形状；

④用在侧边导向上的螺钉以得到正确的间隙；

⑤用调整螺钉调整每对滚轮之间的距离，并使每对滚轮的 4 个调整螺钉的紧固力相同。

（2）钢带方向的调整

由于每种管径波纹管的螺旋角不同，因而卷管之前，都应对钢带方向进行调整。具体做法是：先查出相应的管螺旋角后，对压波纹装置做前后移动和转动，只要钢带方向与波纹钢带导向一致即可。

（3）接缝工具的调整

拆边装置在钢带绕卷心模后进行调整，为得到正确的位置，拆边轮须用榔头慢慢敲入直到拆边轮与钢带接触呈 40°为止。调整角与波纹钢带导向的方向一致。顶针装置在钢带绕卷后进行调整，顶针拆边角应在 1°～4°范围内，防止顶针和钢带的波纹接触，以免波纹管表面划伤。滚花装置与压紧装置，其调整角度和调整要求类似。齿轮之间要有自由啮合间隙，滚花轮与心模之间有接触间隙，以保证齿轮能自由啮合，相互之间有冲击力，防止小轴弯曲和可能发生的折断,同时使得波纹管接缝处有足够深的花纹,确保接缝的可靠性。

(4)螺距的调整

每次调整后,启动卷管机试卷400mm左右长波纹的管后,停机进行测量,如果螺距达不到要求,应进行调整:螺距变大,将滚花装置朝着立板方向往里拉;若过小,则往离开立板方向往外推。

2. 操作

操作前须对整机的装配、成管中心部分的选配、电路的连接、润滑油液面、冷却润滑液面及齿轮减速器的润滑油进行检查。检查主心轴的旋转方向,正确的方向是朝着立板看时主心轴按反时针转动,电机按顺时针转动。操作步骤如下:

(1)安装所需要的成管中心部分器件。

(2)将钢带送人压波纹装置。

(3)调整钢带方向,确定压波纹装置的位置。

(4)调整顶针装置。

(5)调整拆边装置。

(6)调整滚花装置和压紧装置,用调整手把拧紧滚花轮和压紧轮,使滚花轮靠着心模推压接缝,并有花纹,用压紧轮压紧,然后拧紧滚花轮和压紧轮手把螺杆上的锁紧螺母。

(7)按下电动油泵开关。

(8)启动卷筒机,卷到400mm长管子停机。

(9)启动切割机,切下这段管子。

(10)测量螺距并按(3)、(6)条调整。

(11)启动卷管机,分别取1 000mm、5 000mm的管子后停机、切割、调整。

(12)管子符合要求后,继续启动卷筒机,卷到所需长度的管,再停机、切割。

(13)当钢带用完时,应及时停机,将新换上来的钢带与原钢带点焊连接,启动卷筒机继续工作。

3. 检查

波纹管按照有关标准须进行各项检查。一般应符合以下条件:

(1)目视检查;在接缝上有滚花纹,没有顶针的划伤,与套管能旋接。

(2)接缝检查;当两人各持管的一端往外拉时,听不见杂音,接缝处的材料不应发生折断(接缝必须拉开)。

(三)维护和维修

本设备常在野外施工现场工作,条件恶劣,固此,应特别加强清洁维护工作。压波纹装置中的滚轮、齿轮成管中心部分的齿轮,应适时去除污垢,防止锈蚀。对于运动件,如齿轮轴承等应及时加注润滑油、润滑脂;保持减速箱、冷却润滑油箱和钢带润滑油槽中的冷却润滑液不冻结,在冬季加防冻剂;对于易损件,如滚花轮、滚轮,一旦磨损,应及时更换;定期对油路和电路进行检查,出现故障及时排除;各紧固件如有松动,应及时紧固;对于外购件,如主电机、切割电机、电动油泵、减速箱,维护和维修见有关产品说明书。

思考题

1. 预应力张拉设备分为哪三类,目前桥梁施工中常用的是哪类?

2. 叙述YCW型千斤顶构造和操作程序?

3. 前置内卡式千斤顶的特点和应用?

4. 千斤顶为什么要进行标定？什么情况下需要进行标定？
5. 液压式张拉机的使用注意事项有哪些？
6. 液压千斤顶常见故障和排除方法？
7. ZB4－500 型电动油泵掌握操作程序有哪些？
8. ZB4－500 型电动油泵注意事项有哪些？
9. 高压油泵常见故障和排除方法？
10. 固定端的设备有哪些？叙述挤压锚的制作方法？
11. 压浆设备由哪些设备构成？
12. 压浆机使用注意事项有哪些？

第五章　预应力施工工艺及质量控制

学习目标：

1. 熟悉先张法施工工序；
2. 掌握后张法工序；
3. 掌握预应力筋的制作、孔道安装、穿束、张拉、压浆施工及注意事项；
4. 了解体外预应力施工。

第一节　概　　述

根据混凝土浇筑和对预加应力材料施加应力的先后次序，可以将施加预应力方法归结为两种基本情况。在混凝土浇筑前对预加应力材料施加应力的方法，简称为先张法；而在混凝土浇筑及经一定养护后再对预加应力材料施加应力的方法，则简称为后张法。

一、先张法

先张预应力工艺简单、工序少、效率高、质量易保证，且能省去锚固预应力筋所用的永久锚具。但其在工厂化或成批生产时，常采用专门的张拉台座，需要较大的基建投资，还应考虑交通运输条件。预应力筋一般采用直线或折线布置，适宜于预制大批生产的中小型构件。

先张法预应力施工工艺流程如图 5-1 所示。

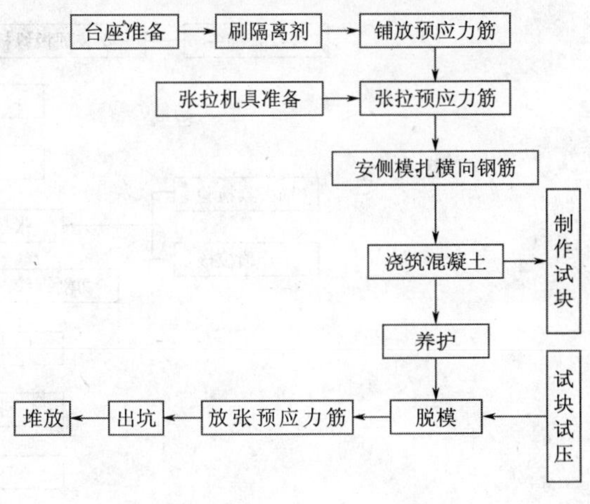

图 5-1　先张法预应力施工工艺流程图

先张预应力工艺的要点为：按设计要求张拉预应力筋并用专用夹具临时固定在台座上(此时预应力筋的反作用力由台座承受)，然后浇筑混凝土；待混凝土养护达到一定强度和龄期(一般应不低于混凝土强度等级的 75%；混凝土龄期达到某一数值，以保证具有足够的黏结力和避免过大徐变。此简称混凝土强度和龄期双控制)后，放松预应力筋，利用预应力筋的弹性回缩力及其与混凝土之间的黏结作用使混凝土获得预压应力。先张预应力混凝土的关键在于，预应力筋的弹性回缩力和预应力筋与混凝土之间的黏结力，而预应力筋弹性回缩力存在的先决条件是对预应力筋施加预应力。

常用的先张法预应力混凝土构件施工工序如图5-2所示。

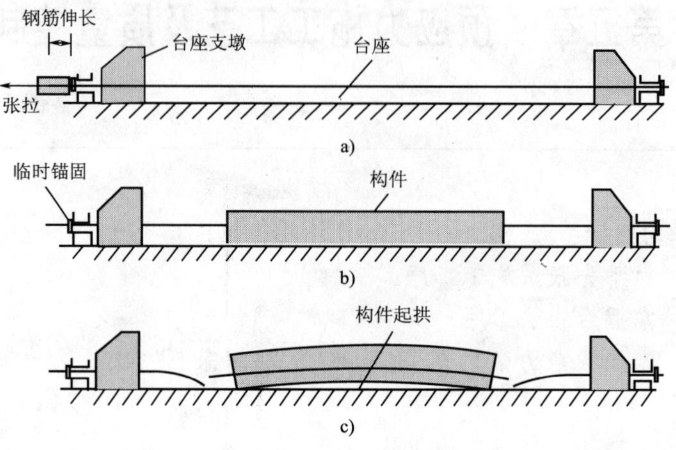

图5-2 先张预应力工序示意

a）预应力筋张拉；b）混凝土施工；c）预应力筋放张

二、后张法

后张法是指在完成混凝土浇筑、养护达一定强度后才进行预应力筋张拉的方法。箱梁后张法预应力施工工艺流程如图5-3所示。

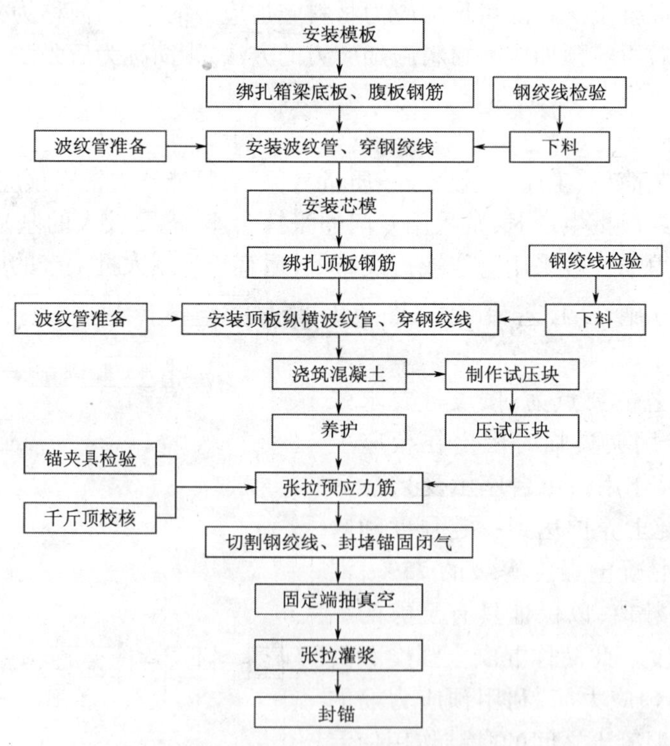

图5-3 后张法预应力施工工艺流程图

后张法预应力筋张拉的典型施工工序如图 5-4 所示。

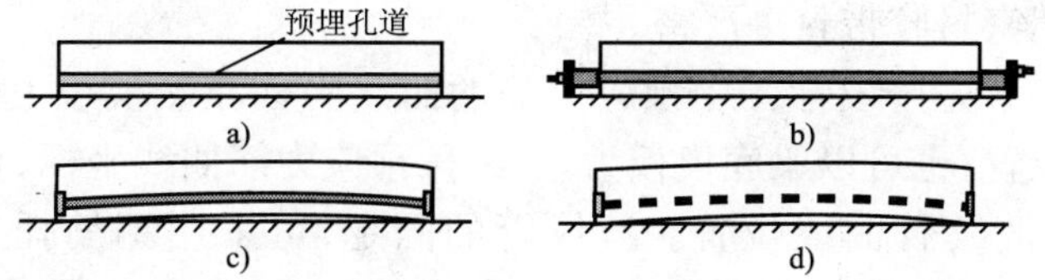

图 5-4　后张预应力工序示意

a)预留孔道;b)穿预应力筋、张拉;c)预应力筋锚固;d)孔道压浆、封锚

后张预应力工艺的要点为:在构件混凝土浇筑之前按预应力筋的设计位置,通过预埋管道或其他方法形成预留孔道(或明槽);待混凝土养护达到一定强度和龄期(一般应不低于混凝土强度等级的 75%,混凝土龄期达到某一数值)后,将预应力筋穿入孔道内;以混凝土构件本身作为支承件,张拉预应力筋使混凝土构件压缩;待张拉力达到设计值后,用特制的锚具将预应力筋锚固于混凝土构件上,使混凝土获得永久的预压应力;在预留孔道内压注水泥浆,以保护预应力筋并使其与混凝土黏结成整体。

后张法是通过锚具锚固预应力筋从而保持预加力的永久作用,因而,后张法适用性较强,它可以是预制构件,也可以是在施工现场支架上施工的混凝土构件等。但后张法施工工艺相对复杂,锚具耗钢量较大。

第二节　预应力孔道安装

一、孔道留置的原则

孔道在混凝土浇捣时留置。孔道的尺寸与位置应正确。预留孔道的位置,也就是预应力束(筋)的位置,如果孔道位置不正确,就使预应力束(筋)位置偏移,张拉后会使构件受力不均,容易引起翘曲,影响构件质量;要保证预留孔道畅通,孔道不畅通,不仅穿筋困难,而且会产生很大摩阻力,影响张拉力的准确;孔道的线形应平顺,接头不漏浆;孔道端的预埋钢板应垂直于孔道中心线。孔道成型的质量,直接影响到预应力筋的穿入与张拉,应严格控制。

孔道的直径应根据预应力筋的外径和所用锚具的种类而定,对粗钢筋,一般应比预应力筋的直径、钢筋对焊接头处外径或穿过孔道的锚具或连接器外径大 10 ~ 15mm,以便于它们顺利通过,并易于保证灌浆密实。对钢丝或钢绞线,孔道的直径应比预应力束外径或锚具外径大 5 ~ 10mm,且孔道面积应大于预应力筋面积的两倍。曲线孔道的转向角和曲率半径均按预应力筋的相应值采用。孔道之间的间距以及孔道壁与构件表面的净距,既要便于浇筑混凝土,又要便于预加应力,一般孔道之间的净距不应小于 50mm,孔道壁与构件表面的净距不应小于 40mm,特殊情况应根据所采用的锚具和张拉设备而定,以免预加应力时造成困难。

二、孔道安装

预应力筋预留孔道的尺寸与位置应正确,孔道应平顺,端部的预埋钢垫板应垂直于孔道中心线。

1. 金属波纹管

波纹管的接长可采用大一号同型波纹管作为接头管。接头管的长度:管径为 ϕ40 ~ ϕ65mm 时取 200mm;ϕ70 ~ ϕ85mm 时取 250mm; ϕ90 ~ ϕ100 时取 300mm。管两端用密封胶带或塑料热缩管封裹(图 5-5),以防接缝处漏浆。波纹管与锚垫板的连接一般是将波纹管伸入喇叭口中,在接头处用密封胶带封裹严密。

波纹管安装时,宜事先按设计图中预应力筋的曲线坐标在侧模板上弹线,以波纹管底为准,定出波纹管曲线位置;也可以梁底模板为基准,按预应力筋曲线坐标,直接量出相应点的高度,标在箍筋上,定出波纹管曲线位置。波纹管的固定,可采用钢筋托架(图 5-6),间距为600mm。钢筋托架应焊在箍筋上,箍筋下面要用垫块垫实。波纹管安装就位后,必须用铁丝将波纹管与钢筋托架绑在一起或在波纹管顶部绑一根钢筋,以防浇筑混凝土时波纹管上浮而引起严重的质量事故。波纹管安装就位过程中应尽量避免反复弯曲,以防管壁开裂,同时,还应防止电焊火花烧伤管壁。

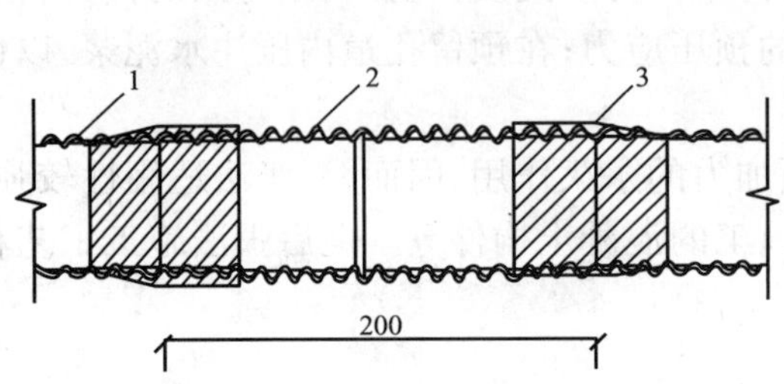

图 5-5　金属波纹管接图

1-波纹管;2-连接管;3-密封胶带

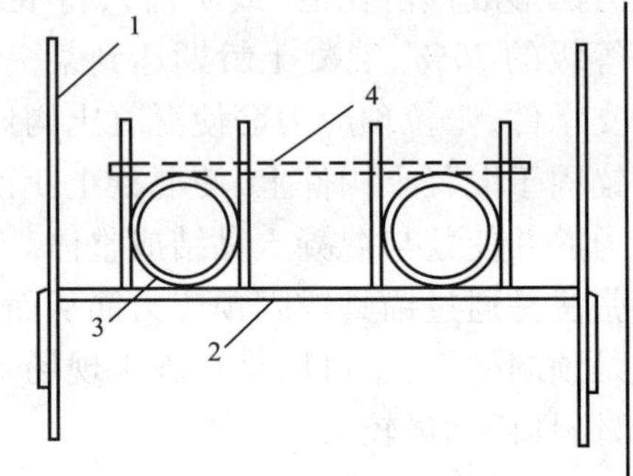

图 5-6 钢筋托架

1-箍筋;2-钢筋托架;3-波纹管;4-后绑的钢筋

波纹管安装后,应检查波纹管的位置、曲线形状是否符合设计要求,波纹管的固定是否牢靠,接头是否完好,管壁有无破损等。如有破损,应及时用胶粘带修补。波纹管控制点的安装偏差:垂直方向为 ±10mm;水平方向为 ±20mm。从梁整体上看,波纹管在梁内应平坦;从梁侧看,波纹管曲线应平滑连续,安装后对个别不平顺处作调整(图 5-7)。

图 5-7　腹板内曲线束管道线形

2. 塑料波纹管

夏季天气炎热,供货至现场的高密度聚乙烯塑料波纹管因高温暴晒影响其线刚度,应注意随时检查是否因直线段定位架间距较大而影响线形流畅，必要时采取加密定位架措施。

塑料波纹管定位架间距直线段设计为1m，曲线段可规定为0.5m。对于采用连续波纹肋的塑料波纹管，定位架间距应统一加密为0.5m（图5-8）。

在张拉端端部，塑料波纹管必须插入喇叭管内一定长度，接口处密封应确保完好。塑料波纹管的连接宜采用电热板热接、卡箍套连接。当采用类似于金属波纹管大一号套管旋接时，其套管应有不小于200mm的长度，连接口处用胶带密封（自带密封圈的除外），以免漏气（图5-9）。

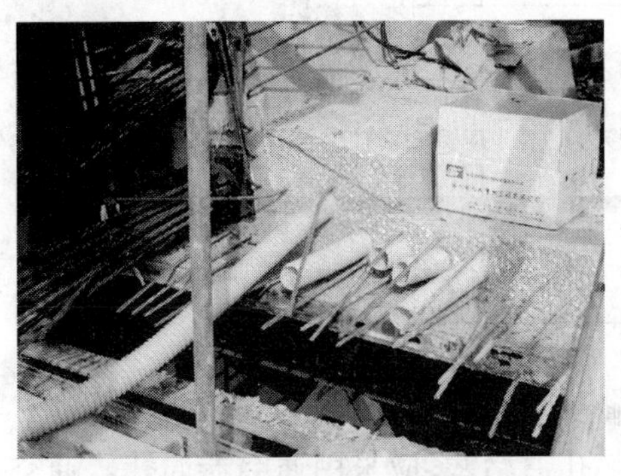

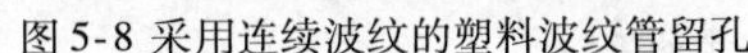

图5-8 采用连续波纹的塑料波纹管留孔

图5-9 塑料波纹管热接

管道在模板内安装完毕后，应将其端部盖好，防止水或其他杂物进入。

后张孔道安装允许偏差见表5-1。

后张预应力筋制作安装允许偏差　　表5-1

项目		允许偏差（mm）
管道坐标	梁长方向	30
	梁高方向	10
管道间距	同排	10
	上下层	10

三、灌浆孔、排气孔、排水孔、泌水孔的设置

灌浆孔、排气孔、排水孔、泌水孔必须在留置孔道的时候同时留置。

灌浆孔或排气孔应设置在构件两端及跨中，也可设置在锚具或铸铁喇叭处，孔距一般不宜大于12m。灌浆孔的直径应与输浆管管嘴外径相适应，一般不宜小于16mm。各孔道的灌浆孔不应集中于构件的同一截面，以免截面积过分减少。灌浆孔的方向应能使灌浆时灰浆自上向下垂直或倾斜注入孔道，或自侧向水平注入孔道，以便于操作。曲线孔道灌浆时的最低点应设置灌浆孔，以利于排除空气，保证灌浆密实。设置排气孔是为了保证孔道内气流通畅，不形成死角，保证水泥浆充满孔道。有些锚具在锚固后仍然有孔道或空隙，孔道中的空气可以通过这些孔洞、空隙排除；在这种情况下，孔道端部就不必专设排气孔槽。但有些锚具（如带有螺丝端杆的锚具）在锚固预应力筋后就将孔道端部封闭，在这种情况下，孔道端部就必须设置排气孔槽。排气孔对直径要求不严，一般施工中将灌浆孔与排气孔统一做成灌浆孔。灌浆孔或排气孔在跨内高点处应设在孔道上侧方，在跨内低点处应设在下侧方。

对连续结构中呈波浪状布置的曲线束，且高差较大时，应在孔道的每个峰顶处设置泌水孔

(图 5-10、图 5-11)，开口向上，露出梁面的高度一般不小于 500mm。泌水管用于排出孔道灌浆后水泥浆的泌水，并可二次补充水泥浆。泌水管一般可与灌浆孔统一留用；起伏较大的曲线孔道，应在弯曲的最低点处设置排水孔，开口向下，主要用于排出灌浆前孔道内冲洗用水或养护时进入孔道内的水分。

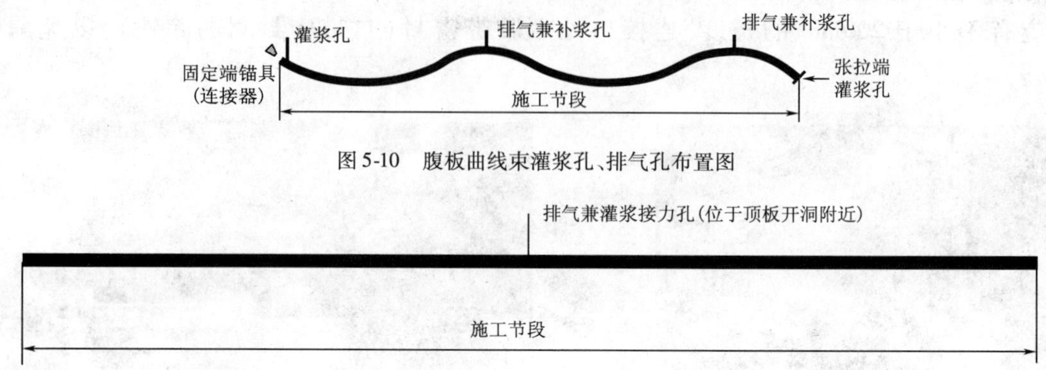

图 5-10　腹板曲线束灌浆孔、排气孔布置图

图 5-11　顶板、底板直线束灌浆孔、排气孔布置图

在混凝土浇筑过程中，为了防止波纹管偶尔漏浆引起孔道堵塞，应采用通空器通孔。通空器由长 60 ~ 80mm 的圆钢制成，其直径小于孔径 10mm，用尼龙绳牵引。

腹板曲线束的灌浆孔均设置在位于曲线波高施工缝的锚垫板上，为保证全线闭气，中间部设排气孔。位于连接器部位、P 锚约束环附近的排气孔兼作真空抽吸孔的安装应注意安装质量，应采用塑料增强管(纤维网增强、或钢丝弹簧圈增强)或高密度聚乙烯管留孔，要求能承受 0.6MPa 的灌浆保压压力，能弯折闭气，内径不小于 20mm(图 5-12 ~ 图 5-15)。

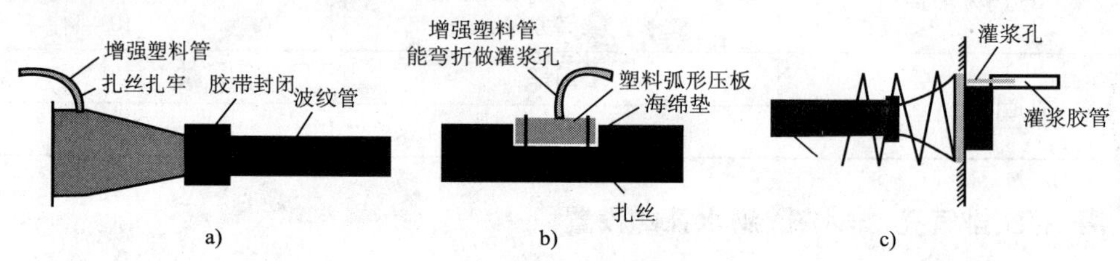

图 5-12　波纹管安装细部构造图

a)接器处排气孔安装；b)波高处排气兼补浆孔；c)张拉端灌浆孔安装

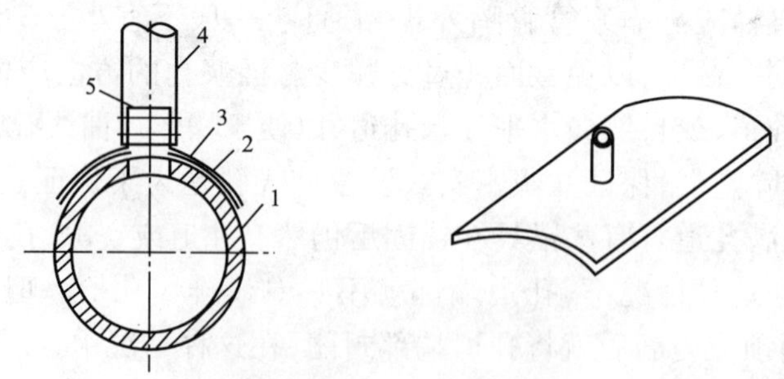

图 5-13　波纹管上的留浆孔

1-波纹管；2-海绵垫；3-塑料弧形压板；4-塑料管；5-铁丝扎紧

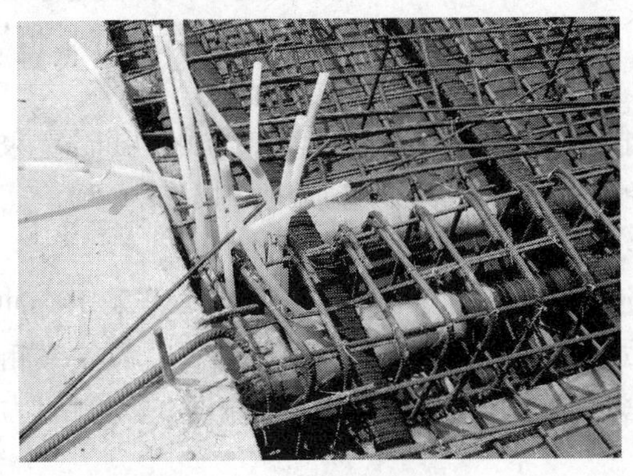

图 5-14　塑料波纹管留孔，连接器的排气孔安装
（采用高密度聚乙烯管做排气或补浆管）

图 5-15　塑料波纹管留孔，连接器的排气孔安装
（采用钢丝衬圈塑料增强管做排气管）

四、锚固区

（1）波纹管应铺设平顺，端部的预埋锚垫板应垂直于孔道中心线或无黏结预应力筋。螺旋筋必须紧贴铸铁喇叭管承压板背面。波纹管安装完毕后，应检查波纹管的位置与形状是否符合设计要求，固定是否牢靠，接头处是否密封，管壁有无破损，灌浆孔与波纹管是否连接可靠、留设位置是否妥当（图 5-16、图 5-17）。

图 5-16　螺旋筋未紧靠铸铁承压板

图 5-17　螺旋筋紧贴铸铁承压板

（2）预留孔道或无黏结预应力筋的定位应牢固，孔道接头应密封良好。

（3）内埋式固定端的锚垫板不应重叠，锚具与垫板应贴紧。

（4）波纹管应完好；局部破损处应采用防水胶带修补。

第三节　预应力筋及锚具安装

一、预应力筋制作

（一）下料

预应力筋下料应在平坦、洁净的场地上进行。在预应力筋近旁对其他部件进行气割或焊接时，应防止预应力筋受焊接火花或接地电流的影响。

预应力筋下料长度应采用钢尺丈量，使用砂轮锯或专用切筋器切断。钢丝下料时，对表面有电接头或机械损伤的钢丝应剔除。预应力筋的下料长度应通过计算确定,计算时应考虑结构的孔道长度和台座长度、锚夹具厚度、千斤顶长度、焊接接头或镦头预留量、冷拉伸长值、弹性回缩值、张拉伸长值和外露长度等因素。

钢丝、钢绞线、热处理钢筋、冷拉Ⅳ级钢筋、冷拔低碳钢丝及精轧螺纹钢筋的切断,宜采用切断机或砂轮锯。不允许采用电弧切割下料,以免产生意外打火而造成钢材损伤。

(二)预应力筋镦粗头

预应力筋镦头锚固时,对于高强钢丝,宜采用液压冷镦;对于冷拔低碳钢丝,可采用冷冲镦粗;对于钢筋,宜采用电热镦粗,但Ⅳ级钢筋镦粗后应进行电热处理。冷拉钢筋端头的镦粗及热处理工作,应在钢筋冷拉之前进行,否则应对镦头逐个进行张拉检查,检查时的控制应力应不小于钢筋冷拉的控制应力。

(三)P锚制作

钢绞线挤压锚具挤压前,在钢绞线端头安装异形钢丝衬套与挤压套,并在挤压套外表面涂润滑油,钢绞线、挤压模与活塞杆应在同一轴心线上。液压挤压机的压力表读数按生产厂提供的参数控制,钢绞线端头应露出挤压成型后的锚具外端。挤压锚具应与锚垫板固定牢靠(图5-18)。钢绞线挤压锚具成型后,钢绞线外端应露出挤压头2~5mm。

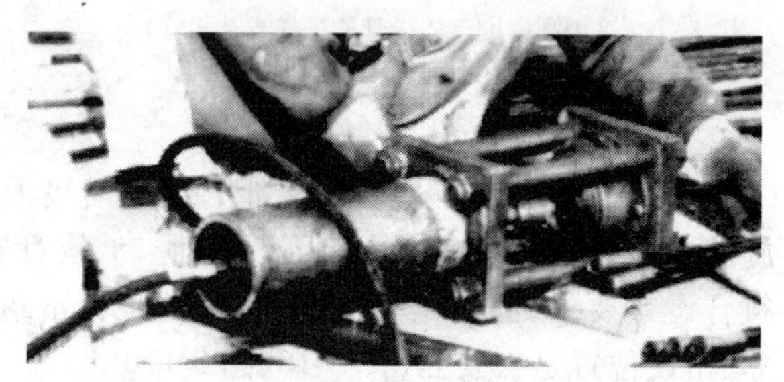

图5-18 挤压锚施工,质量要点为异形钢丝弹簧圈必须满挤压锚环

(四)压花锚制作

钢绞线压花锚具成型时,梨形头尺寸和直线段长度应不小于设计值,其表面不得有污物。液压压花机的压力表读数按生产厂提供的参数控制;成型后的梨形头尺寸:对$\phi^{S}15.2$钢绞线为$\phi95mm\times150mm$;对$\phi^{S}12.7$钢绞线为$\phi80mm\times130mm$。

(五)预应力筋编束

预应力筋由多根钢丝或钢绞线组成时,同束内应采用强度相等的预应力钢材。编束时,应逐根理顺,绑扎牢固,防止互相缠绕。

钢丝编束、张拉端镦头锚具安装及钢丝镦头宜同时进行。钢丝的一端先穿入锚具并镦头,另一端用细铁丝将内外圈钢丝按锚具处相同的顺序分别编扎,端头扎紧,并沿束长适当编扎几道。

精轧螺纹钢筋下料以前,必须把钢厂因剪切钢筋形成旁弯和螺纹被压扁的钢筋端头部分切去,以保证精轧螺纹钢筋与连接器和螺母能顺利地进行连接。钢筋下料宜采用砂轮切割机切断,切割后应除去毛刺,端头表面应平整。钢筋接长时,应使相连接的钢筋接头位于连接器中间,并将钢筋接头处端头顶紧。当构件截面内配有两根以上的精轧螺纹钢筋时,连接器位置应相互错开。

二、穿束

穿束前锚垫板和孔道的位置须正确,灌浆孔和排气孔应满足施工要求,孔道内应畅通,无水分和杂物,锚具、垫板接触处板面上的焊渣、混凝土残渣等要清除干净。

(一)穿束的方法

根据穿束与浇筑混凝土之间的先后关系,可分为先穿束和后穿束两种。

1. 先穿束法

先穿束法即在浇筑混凝土之前穿束。对埋入式固定端或采用连接器施工,必须采用先穿法。此法穿束省力,但穿束占用工期,束的自重引起的波纹管摆动会增大摩擦损失,束端保护不当易生锈。施工时穿束与预埋波纹管需密切配合,特别注意要绝对保证波纹管不因施工振捣引起过大变形漏浆,影响预应力张拉施工。

2. 后穿束法

后穿束法即在浇筑混凝土之后穿束。此法可在混凝土养护期内进行,不占工期,便于用通孔器或高压水通孔,穿束后即行张拉,易于防锈,但穿束较为费力。

穿束前应检查锚垫板和孔道,锚垫板应位置准确,孔道内应畅通,无水和其他杂物。

根据一次穿入数量,可分为整束穿和单根穿。钢丝束应整束穿,钢绞线优先采用整束穿,也可用单根穿。

按操作对象分,穿束工作可由人工、卷扬机和穿束机进行。

1. 人工穿束

人工穿束可利用起重设备将预应力束吊起,工人站在脚手架上逐步穿入孔内。束的前端应扎紧并裹胶布,以便顺利穿过孔道(图 5-19)。对多波曲线束,宜采用特制的牵引头,工人在前头牵引,后头推送,用对讲机保持前后二端同时发力。对长度不大于 50m 的二跨曲线束,人工穿束还是方便的。在多波曲线束中,用人工穿单根钢绞线较为困难。

2. 卷扬机穿束

用卷扬机穿束主要用于特长束、特重束、多波曲线束等整束的情况。卷扬机的速度宜慢些(每分钟约为 10m),电动机功率为 1.5 ~ 2.0kW。束的前端应装有穿束网套或特制的牵引头(图 5-20)。穿束网套可用细钢丝绳编织。网套上端通过挤压方式装有吊环。使用时将钢绞线穿入网套中(到底),前端用铁丝扎死、顶紧不脱落即可。

图 5-19　人工穿索

图 5-20　机械穿索

3. 穿束机穿束

用穿束机穿束适用于穿单根钢绞线的情况。穿束机有以下两种类型:一是由油泵驱动链板夹持钢绞线传送,速度可任意调节,穿束可进可退,使用方便;二是由电动机经减速箱减速后由两对滚轮夹持钢绞线传送,进退由电动机的正反转控制。穿束时钢绞线前头应套上一个子弹头形的壳帽(图 5-21)。

(二)预应力筋安装后应进行保护

(1)先穿束法安装在管道中的预应力筋,应采取防止锈蚀或其他防腐蚀的措施,直至压浆。

(2)在力筋安装在管道中以后,管道端部开口应密封以防止湿气进入。采用蒸汽养生时,在养生完成之前不应安装力筋。

(3)在任何情况下，当在安装有预应力筋的构件附近进行电焊时，对全部预应力筋和金属件均应进行保护，防止溅上焊渣或造成其他损坏。

对在混凝土浇筑之前穿束的管道，力筋安装完成后，应进行全面检查，以查出可能被损坏的管道。在混凝土浇筑之前，必须将管道上一切非有意留的孔、开口或损坏之处修复，并应检查力筋能否在管道内自由滑动。

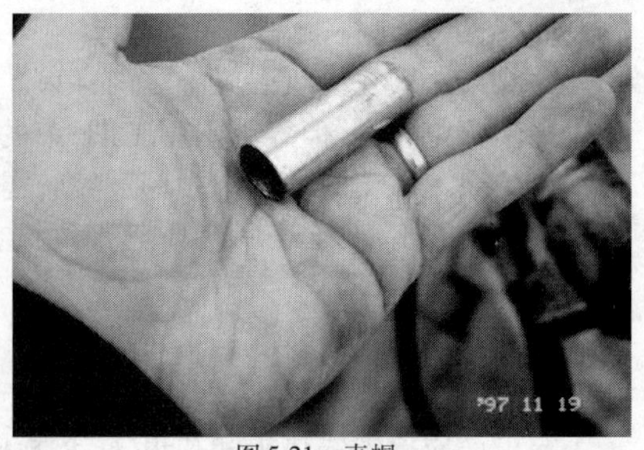

图5-21 壳帽

三、锚具、夹具和连接器安装

锚具与夹具必须是配套产品，以防配合不当。安装时应遵守《预应力筋用锚具、夹具和连接器应用技术规程》(JGJ 85—2002)的要求。

(1)安装锚具前，应将钢绞线表面黏着的泥沙及灰浆用钢丝刷清除。锚环或锚板表面的防锈油可不再清除，但锥形孔须保持清洁，不得有泥土、砂粒等脏物。当按施工工艺规定需要在锚固零件上涂抹介质以改善锚固性能时，应在锚具安装时涂抹。

(2)钢绞线穿入孔道时，应保持外表面干净，不得拖带污物；穿束以后，应将其锚固夹持段及外端的浮锈和污物擦拭干净。

(3)锚具和连接器安装时应与孔道(或锚板)对中。锚垫板上设置对中止口时，则应防止锚具偏出止口以外，形成不平整支承状态。夹片式锚具安装时，各根预应力筋应平顺，不得扭绞交叉；夹片应采用穿在钢绞线上的工具台套打紧，并外露一致。

(4)夹片式、锥塞式等形式的锚具，在预应力筋张拉和锚固过程中或锚固完成以后，均不得大力敲击或振动，以防锚具或夹片爆裂而发生质量或安全事故。

(5)利用螺母锚固的支承式锚具，安装前应逐个检查螺纹的配合情况。对于大直径螺纹的表面应涂润滑油脂，以确保张拉和锚固过程中顺利旋合和拧紧。

(6)安装千斤顶时，应特别注意其活塞上的工具锚的孔位和构件端部工作锚的孔位排列一致。严禁钢绞线在千斤顶的穿心孔内发生交叉，以免张拉时出现断丝等事故(图5-22)。

(7)工具锚的夹片应注意保持清洁和良好的润滑状态。新的工具锚夹片第一次使用前，应在夹片背面涂上润滑脂。以后每使用5~10次，应将工具锚上的挡板连同夹片一向卸下，向锚板的锥孔中重新涂上一层润滑剂，以防夹片在退楔时被卡住。润滑剂可用石墨、二硫化钼、石蜡或专用的退锚灵等。当工具夹片开裂或牙面缺损较多，工具锚板出现明显变形或工作表面损伤显著时，均不得继续使用。

(8)采用连接器接长预应力筋时，应全面检查连接器的所有零件，按执行全部操作规程和工艺要求作业，以确保连接器的可靠性。

(9)预应力筋锚固以后，因故必须放松时，对于支承式锚具可用张拉设备松开锚具，将预应力缓慢地卸除；对于夹片式、锥塞式等锚具，宜采用专门的放松装置将锚具松开(注意：非常危险，必须由专业人员操作)。任何时候都不得在预应力筋存在拉力的状态下直接将锚具切去。

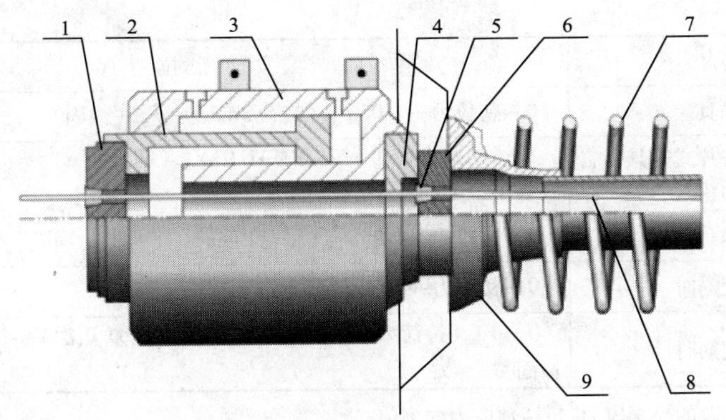

图 5-22　张拉端具与千斤顶安装示意图

1-工具锚;2-活塞;3-油缸;4-限位板;5-工作夹片;6-工作锚板;7-螺旋筋;8-钢绞线;9-锚垫板

第四节　预应力筋张拉

一、张拉前的准备工作

(一)张拉时机确定

施加预应力时的混凝土强度直接影响构件的安全度、锚固区的局部承压、徐变引起的损失等,是施加预应力成败的关键。施加预应力时,混凝土的立方体强度不宜低于混凝土设计强度等级的75%。如有设计规定,则按设计执行。

另外,混凝土外加剂的应用,使混凝土强度增长较快,而相应弹性模量增长不大。弹性模量过小,张拉后徐变就大,预应力损失就大,反拱也不易控制。因此,混凝土的龄期一般不宜小于7d。

(二)张拉控制应力

张拉控制应力是指预应力钢筋在进行张拉时所达到的最大应力值。其值为张拉设备(如千斤顶油压表)所指示的总张拉力除以预应力钢筋面积得到的应力值,以 σ_{con} 表示。预应力筋张拉控制应力的大小直接影响预应力效果。如果控制应力取值过低,则预应力钢筋在经历各种损失后,对混凝土产生的预压应力过小,不能有效地提高预应力混凝土构件的抗裂度和刚度。当然,控制应力也不能过高,否则会使构件出现裂缝的荷载与破坏荷载很接近,在破坏前没有明显的预兆,构件的延性较差;也可能造成预拉区开裂,以及端部混凝土局部受压破坏;同样,超张拉过大使钢筋应力超过屈服点,产生塑性变形将影响预应力值的准确性和张拉工艺的安全性;此外,控制应力较大造成构件反拱过大或预拉区出现裂缝也是不利的。预应力筋在张拉千斤顶工具锚处的控制应力不得大于 $0.8f_{pk}$。

(三)张拉程序

预应力筋的张拉程序,主要根据构件类型、张锚体系、松弛损失取值等因素确定(表5-2)。

后张法预应力筋张拉程序　　表5-2

预应力筋		张拉程序
钢筋、钢筋束		0→初应力→$1.05\sigma_{con}$(持荷2min)→$1\sigma_{con}$(锚固)
钢绞线束	对于夹片式等具有自锚性能的锚具	普通松弛力筋 0→初应力→$1.03\sigma_{con}$(锚固) 低松弛力筋 0→初应力(10%～20%)→σ_{con}(持荷2min锚固)

续上表

预应力筋		张拉程序
钢绞线束	其他锚具	0→初应力→1.05σ_{con}（持荷2min）→σ_{con}（锚固）
钢丝束	对于夹片式等具有自锚性能的锚具	普通松弛力筋 0→初应力→1.03σ_{con}（锚固） 低松弛力筋 0→初应力→σ_{con}（持荷2min锚固）
	其他锚具	0→初应力→1.05σ_{con}（持荷2min）→0→σ_{con}（锚固）
精轧螺纹钢筋	直线配筋时	0→初应力→σ_{con}（持荷2min锚固）
	曲线配筋时	0→σ_{con}（持荷2min）→0（上述程序可反复几次）→初应力→σ_{con}（持荷2min锚固）

注：①表中σ_{con}为张拉时的控制应力，包括预应力损失值；

②两端同时张拉时，两端千斤顶升降压、画线、测伸长、插垫等工作应基本一致；

③梁的竖向预应力筋可一次张拉到控制应力，然后于持荷5min后测伸长和锚固；

④超张拉数值超过《公路桥涵施工技术规范》（JTJ 041—2000）12.8.3条规定的最大超张拉应力限值时，应按该条规定的限值进行张拉。

（四）张拉方式

预应力筋的张拉顺序，应使结构及构件受力均匀、同步，不产生扭转、侧弯，不应使混凝土产生超应力，不应使其他构件产生过大的附加内力及变形等。因此，无论对结构整体，还是对单个构件而言，都应遵循同步、对称张拉的原则。此外，安排张拉顺序还应考虑到尽量减少张拉设备的移动次数。张拉顺序应根据设计计算书与设计图确定。

施加预应力的方式很多，除常用的一端张拉、两端张拉、对称张拉、超张拉等以外，还有分批张拉、分段张拉、分阶段张拉、补偿张拉等。这些张拉方式的采用，事先都应有明确的计划、准备，以便逐步实施（图5-23）。

图5-23　对称张拉

（五）张拉设备的选用和校验

根据构件特点、所有预应力筋及锚夹具的类型、张拉力大小等，选择合适的张拉设备，主要是选择张拉设备的吨位、行程、压力表的规格等。预应力筋的张拉力一般为设备额定张拉力的50%～80%，预应力筋的一次张拉伸长值不应超过设备的最大张拉行程。当一次张拉不足时，可采用分级重复张拉的方法，但所用的锚具与夹具应适应重复张拉的要求。

将选用的张拉设备包括油压千斤顶、高压油泵和油压表，编号配套进行校验。在校验时，最好将与控制张拉力和超张拉力相应的油压表读数校验出来，便于张拉时直接掌握。

对所用的油压千斤顶、高压油泵和油压表、连接管路等要试车进行检查，如发现有漏油和不正常的情况，要查明原因，及时排除。当使用紫铜管连接千斤顶与油泵时，要注意检查在弯曲处有无裂纹，喇叭口是否完整无损，如发现问题，要修理完好后，才能使用。

（六）张拉作业用机具配备和检查

1．张拉装置

（1）张拉装置由千斤顶、油泵及其附件组成

张拉装置因施工方法、张拉力以及预应力钢材种类而不同，所以选择张拉装置时应根据工程具体情况决定。

(2)使用台数

根据张拉计划，确定张拉装置的使用台数，此时，除使用的以外，最好准备备用的张拉装置以备不测。

(3)张拉装置的检查

①油量应充足，并应使用油泵用优质矿物油；

②千斤顶与油泵以及高压油管两端连接器的灰尘应予以清除；

③应抽出高压油泵内的空气；

④不应有漏油现象；

⑤应熟悉油泵的操作顺序。

(4)压力表的标定

张拉装置所附压力表的读数，由于张拉装置的内摩擦以及预应力筋与锚具之间的摩擦等原因，所显示出的施加给预应力筋上的张拉力，有时不一定很准确。因此，对于这些摩擦损失，应在事前根据需要在施工中进行标定，必须使施加给预应力筋上的张拉力能通过压力表的读数准确地显示出来。

张拉装置的标定，最好采用像测力计那样能直接测定张拉力的方法。所以，应当备有测力计。但是，在所有现场都使用像测力计这样的精密仪器，有时很多困难，因此，在施工现场可以对压力表本身进行标定。压力表标定一般使用双针式压力表。

压力表的标定在以下情况进行：

①开始施加预应力之前；

②修理千斤顶及油泵之后；

③改变千斤顶与油泵的组合时；

④计算值与实测值两者相差悬殊时；

⑤长期中断作业，重新开始张拉时；

⑥其他，认为有必要时。

(5)电动油泵使用注意事项

①运输过程中翻倒时，一般不能再使用；

②供给油箱的油，应使用油泵用优质矿物油；

③启动电动油泵的电动机时，应确认流量调整把手并缓慢进行，而且压力不得超过规定；

④事先应核对电源的电极和电压，而且不得拆掉软线的插头来使用，或截断软线来接线；

⑤开动张拉侧控制阀时，应一边看压力表，一边慢慢打开。

(6) 预应力筋冬期施工在低温下张拉锚固极易发生脆断，故要求张拉设备和各项张拉操作均在棚内正温度条件下进行，油压表工作环境温度不低于10℃。张拉油泵及千斤顶用油必须用低凝油，在操作中油泵要断续开停几次，再令其正常运转。

2. 张拉用临时设备

(1)检查是否保证有所需的电源。

(2)必须检查是否确保有张拉装置的作业空间。

(3)必须检查作业脚手架是否齐备、安全。

(4)必须准备好平板车等搬运工具。

(5)用作千斤顶的起吊装置，应注意准备好例链滑车、人字扒杆、吊索、麻绳以及粗铁丝等。

(6)张拉装置不得被雨淋湿,因此,要有防雨设备。

(7)对于长钢束,指挥者的号令很难传达清楚,此时可使用步话机。

(七)预应力筋和锚夹具的检验

预应力筋穿入孔道前,应检查其品种、规格、长度和有关的对焊、冷拉记录及机械性能试验报告。

所用锚夹具应按其质量标准要求进行检验(或核对有关的检验记录),并进行外观检查,看有无裂缝、变形或损伤情况,检查合格后,要用煤油或汽油擦净油污和脏物,与预应力筋配套堆放,不能混杂。

(八)制定张拉时安全措施

由于施工现场临时电线多、张拉机具移动频繁并在冬、雨季施工,应严禁触电和机械伤人事故发生;要针对张拉作业的特点,制定有关的安全技术措施。

二、施加预应力

(1)预应力筋的张拉控制应力应符合设计要求。当施工中预应力筋需要超张拉或计入锚圈口预应力损失时,可比设计要求提高5%,但在任何情况下不得超过设计规定的最大张拉控制应力(图5-24)。

(2)应采用双控的方式,即预应力筋采用应力控制方法张拉时,应以伸长值进行校核,实际伸长值与理论伸长值的差值应符合设计要求,设计无规定时,实际伸长值与理论伸长值的差值应控制在6%以内,否则应暂停张拉,待查明原因并采取措施予以调整后,方可继续张拉。

图5-24 千斤顶张拉

(3)有时,钢绞线供货直径为15.3mm,直径偏粗会直接影响预应力筋的张拉伸长值与锚固性能。

(4)预应力筋的理论伸长值ΔL(mm)可按式(5-1)计算:

$$\Delta L=\frac{P_{P}L}{A_{P}E_{P}} \tag{5-1}$$

式中:P_P——预应力筋的平均张拉力(N),直线筋取张拉端的拉力,两端张拉的曲线筋,计算方法参考相关书籍;

L——预应力筋的长度(mm);

A_P——预应力筋的截面面积(mm^2);

E_P——预应力筋的弹性模量(N/mm^2)。

(5)预应力筋张拉时,应先调整到初应力,该初应力宜为张拉控制应力σ_{con}的10%,然后张拉到控制应力σ_{con}的20%,伸长值应从初应力时开始量测。力筋的实际伸长值除量测的伸长值外,必须加上初应力以下的推算伸长值(用20%~10%的伸长值来代替0~10%的伸长值)。对后张法构件,在张拉过程中产生的弹性压缩值一般可省略。

预应力筋张拉的实际伸长值ΔL(mm),可按式(5-4)计算:

$$\Delta L=\Delta L_{1}+\Delta L_{2} \tag{5-2}$$

式中：ΔL_1——从初应力至最大张拉应力间的实测伸长值(mm)；

ΔL_2——初应力以下的推算伸长值(mm)，可采用相邻级的伸长值(σ_{con}的 20% ~10% 的伸长值)。

三、预应力筋锚固

(一)锚固要求

预应力筋在张拉控制应力达到稳定后方可锚固，并对张拉记录和锚固状况进行复查，确认合格后，方可切割露于锚具之外的预应力筋多余部分。预应力筋锚固后的外露长度不宜小于30mm，锚具应用封端混凝土保护；当需长期外露时，应采取防止锈蚀的措施。一般情况下，锚固完毕并经检验合格后即可切割端头多余的预应力筋，严禁用电弧焊切割，强调用砂轮机切割。也有采用离锚具端 120 ~150mm 处切断钢绞线的，将钢丝作放射性分散并弯折在锚环四周，然后用细石混凝土封裹。

锚固区预应力筋端头的混凝土保护层厚度不应小于 20mm；在易受腐蚀的环境中，保护层还宜适当加厚。对凸出式锚固端，锚具表面距混凝土边缘不应小于 50mm。封头混凝土内应配置 1 ~2 片钢筋网，并应与预留锚固筋绑扎牢固。封头混凝土应填塞密实并与周围混凝土黏结牢固。

(二)内缩值

锚固阶段张拉端预应力筋的内缩量，应不大于设计规定或不大于表 5-3 所列容许值。

锚具变形、预应力筋回缩和接缝压缩容许值(mm)　　表 5-3

锚具、接缝类型		变形形式	容许值 ΔL
钢制锥形锚具		力筋回缩、锚具变形	6
夹片式锚具(用于预应力钢绞线)		力筋回缩、锚具变形	6
镦头锚具		缝隙压密	1
JM15 锚具	用于预应力钢丝时	力筋回缩、锚具变形	3
	用于预应力钢绞线时		6
粗钢筋锚具(用于精轧螺纹钢筋)		力筋回缩、锚具变形	1
每块后加垫板的缝隙		缝隙压密	1
水泥砂浆接缝		缝隙压密	1
环氧树脂砂浆接缝		缝隙压密	1

四、断丝与滑丝

滑丝与断丝是预应力张拉时常见的问题之一，一般发生在顶锚以后，预应力筋张拉过程中应避免断裂或滑脱。如发生断裂或滑脱，对后张法预应力结构构件，其数值严禁超过同一截面预应力筋总根数的 1%，且每束钢丝不超过一根。对先张法预应力构件，在浇筑混凝土前发生断裂或滑脱的预应力筋必须予以更换。后张预应力筋断丝及滑移不得超过表 5-4 的控制数。

后张预应力筋断丝、滑移限制　　表5-4

类　别	检查项目	控制数
钢丝束和钢绞线束	每束钢丝断丝或滑丝	1根
	每束钢绞线断丝或滑丝	1丝
	每个断面断丝之和不超过该断面钢丝总数的	1%
单根钢筋	断筋或滑移	不容许

注:①钢绞线断丝系指单根钢绞线内钢丝的断丝;

②超过表列控制数时,原则上应更换;当不能更换时,在许可的条件下,可采取补救措施,如提高其他束预应力值,但须满足设计上各阶段极限状态的要求。

第五节　孔道压浆

在后张法预应力混凝土结构中,为了防止预应力钢筋锈蚀,使预应力钢筋与梁体混凝土结合为一个整体,减轻锚具的负担,在张拉预应力筋后,宜及时向预应力筋孔道中压注水泥浆。

采用普通压浆工艺及采用真空辅助压浆工艺灌浆的外加剂应采用高减水、微膨胀、低收缩和低泌水的高性能孔道灌浆专用外加剂。由于我国水泥生产厂生产的水泥成分受地方材料供应影响,各种孔道灌浆专用外加剂必须与地方产水泥适配,正式进场前必须做灌浆水泥适配性试验,必要时作外加剂成分的调整,以保证灌浆质量。

孔道灌浆用外加剂的质量及应用技术应符合现行国家标准《混凝土外加剂分类、命名与定义》(GB 8076—1997)和《混凝土外加剂应用技术规范》(GB 50119—2003)的规定。

孔道灌浆用水泥和外加剂进场时应附有质量证明书,并作进场复验。江苏使用的外加剂一般为JM-HF。

一、水泥浆应具备的功能

灌浆用水泥浆应具备以下功能:

(1)水泥浆本身对预应力筋和孔道壁无腐蚀作用(具有高电阻性和不渗透氯离子等)。

(2)水泥浆必须具备一定的强度,满足预应力筋和混凝土构件之间的有效应力传递,保证结构的整体性。

(3)水泥浆具有较好的流动性,适于施工灌注。

(4)水泥浆在灌注后泌水率低,且不离析。

(5)水泥浆具备一定的膨胀性能,以抵消水泥浆硬化过程中的收缩,保证孔道中的各个部位充盈饱满的浆体,特别是钢绞线的异形部位和孔道拐弯部位。

(6)水泥浆必须具备一定的保塑性能,以维持灌浆过程的正常进行;冬期施工时,水泥浆不被冻坏。

二、后张孔道压浆

压浆方法分类:普通压浆、真空辅助压浆两种方法。普通压浆是采用灰浆泵将拌制好的水泥浆以0.5~0.8MPa的压力直接压入孔道中;真空辅助压浆是先采用真空泵抽吸预应力道中的空气,使孔道达到负压0.1MPa左右的真空度,然后在孔道的另一端用压浆机以大于等于0.7MPa的正压力压入预应力孔道。两种施工方法如图5-25所示。

普通压浆一般适用于较短的管道;真空辅助压浆一般适用于超长管道,或压浆难度较大的50m以上的曲线管道或80m以上的直线管道。较短的管道由于压浆时间较短,真空辅助压浆效果不明显且施工时不易控制,如采用普通压浆有困难时,可采用1 000r/min以上的高速搅拌机,以降低水泥浆稠度。超长管道普通压浆与真空辅助压浆效果如图5-26所示。

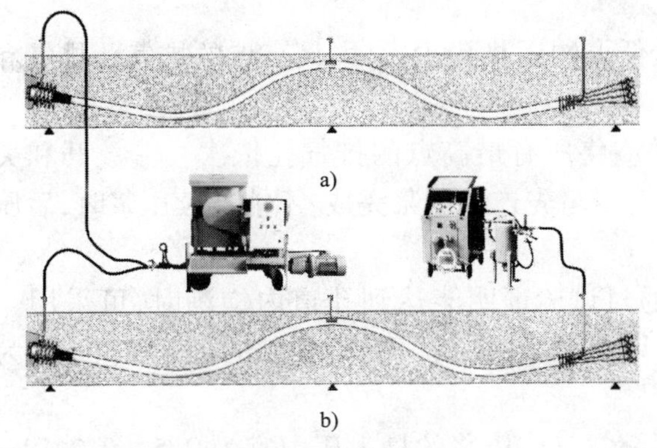

图5-25　真空辅助压浆与普通压浆
a)普通压浆;b)真空辅助压浆

图5-26　真空辅助压浆与普通压浆效果对比
(左边普通压浆;右边真空辅助压浆)

(一)普通灌浆

1. 压浆工艺

(1)在预应力筋张拉完成后,预应力孔道上预留的灌浆口与压浆泵的出浆口用高压塑胶管或高压橡皮管连接,应联结可靠。

(2)孔道的准备:设计施工图要求用压力水清除孔道内的杂物,并用压缩空气吹干。在施工积累一定经验,埋管的畅通水平作出判定后,可直接灌浆。

(3)制浆:先将水加入灰浆搅拌机(宜采用转速1 000r/min以上的高速灰浆搅浆机),加入外加剂和水泥,水泥浆应连续搅拌直至泵送为止。最后一包水泥加入后宜搅拌3min可开始灌注。

(4)灌浆:水泥浆制好后,应立即启动压浆泵进行压浆,在孔道终端排气口排出与进浆孔相同稠度的水泥浆后,应封闭排气口,持压(0.5MPa以上)2min,关停压浆机,封闭进浆口。

开始灌浆时,所有的灌浆孔和高点处的排气孔均应畅通,水泥浆进入孔道直至与进浆孔相同稠度的水泥浆在第一个排气孔流出,此时排气孔应盖住或用其他方法封闭。其余的排气孔应按同样的方法随浆体流动逐一堵塞。

堵塞包括进浆孔、排气孔在内的所有的塞子、盖子或阀门在封闭后不应拆除或打开,直至水泥浆凝固为止(图5-27)。

图5-27　灌浆完毕后堵塞

(5)补浆:根据具体的灌浆情况,如需补浆的孔道,在浆体泌水结束之前,宜采用常规方法由排气孔进行人工补浆,直至排气孔连接管中充满与进浆孔相同稠度的水泥浆为止。

(6)制作试压块:每批灌浆施工的水泥浆应制作一组试压块(70.7mm×70.7mm×70.7mm立方体),标准养护

28d,测定其试块抗压强度。

2. 后张孔道压浆注意事项

(1)水泥浆从拌制到压入孔道的延续时间,视气温情况而定,一般为 30～45min。水泥浆在使用前和压注过程中应连续搅拌。对于因延迟使用所致的流动度降低的水泥浆,不得通过加水来增加其流动度。

(2)压浆时,对曲线孔道和竖向孔道应从最低点的压浆孔压入,由最高点的排气孔排气和泌水。压浆顺序宜先压注下层孔道。

(3)压浆应缓慢、均匀地进行,不得中断,并应将所有最高点的排气孔依次一一放开和关闭,使孔道内排气通畅。较集中和邻近的孔道,宜尽量先连续压浆完成,不能连续压浆时,后压浆的孔道应在压浆前用压力水冲洗通畅。

(4)对掺加外加剂泌水率较小的水泥浆,通过试验证明能达到孔道内饱满时,可采用一次压浆的方法;不掺外加剂的水泥浆,可采用二次压浆法,两次压浆的间隔时间宜为 30～45min。

(5)压浆应使用活塞式压浆泵,不得使用压缩空气。压浆的最大压力宜为 0.5～0.7MPa;当孔道较长或采用一次压浆时,最大压力宜为 1.0MPa。梁体竖向预应力筋孔道的压浆最大压力可控制在 0.3～0.4MPa。压浆应达到孔道另一端饱满和出浆,并应达到排气孔排出与规定稠度相同的水泥浆为止。为保证管道中充满灰浆,关闭出浆口后,应保持不小于 0.5MPa 的一个稳压期,该稳压期不宜少于 2min。

(6)压浆过程中及压浆后 48h 内,结构混凝土的温度不得低于 5℃,否则应采取保温措施。当气温高于 35℃时,压浆宜在夜间进行。

(7)对需封锚的锚具,压浆后应先将其周围冲洗干净并对梁端混凝土凿毛,然后设置钢筋网浇筑封锚混凝土。封锚混凝土的强度应符合设计规定,一般不宜低于构件混凝土强度等级值的 80%。必须严格控制封锚后的梁体长度。长期外露的锚具,应采取防锈措施。

(8)对后张预制构件,在管道压浆前不得安装就位,在压浆强度达到设计要求后方可移运和吊装。

(9)孔道压浆应填写施工记录。

(二)真空辅助压浆

1. 基本原理

采用真空泵抽吸预应力道中的空气,使孔道达到负压 0.1MPa 左右的真空度,然后在孔道的另一端用压浆机以大于等于 0.7MPa 的正压力压入预应力孔道。在真空辅助下,孔道中原有的空气和水被清除,同时,混夹在水泥浆中的气泡和多余的自由水被排出,增强了浆体的密实性。浆体中的微沫及稀浆在真空负压下率先进入负压容器,待稠浆流出后,孔道中浆的稠度即能保持一致,使浆体密实性和强度得到保证。孔道在真空状态下,减小了由于孔道高低弯曲而使浆体自身形成的压头差,便于浆体充盈整个孔道,尤其是一些异形关键部分。

2. 真空辅助压浆工作示意图如图 5-28 所示。

3. 技术要求

整个预留孔道及孔道的两端必须密封,且孔道内无砂石、杂物等;预留孔道用的管材必须具有一定的强度,必须与混凝土可靠黏结,防止在孔道抽真空过程中,管壁瘪凹;孔道内的真空度宜控制在 -0.08MPa 左右。

4. 真空辅助灌浆工艺的施工设备

压浆设备包括：强制式灰浆搅拌机、压浆泵（挤压式不可用）、计量设备、储浆桶、过滤器、高压橡胶管、连接头、控制阀。

真空辅助设备包括：真空泵（图 5-28）、压力表、控制盘、压力瓶、加筋透明输浆管、气密阀、气密盖帽（保护罩）。

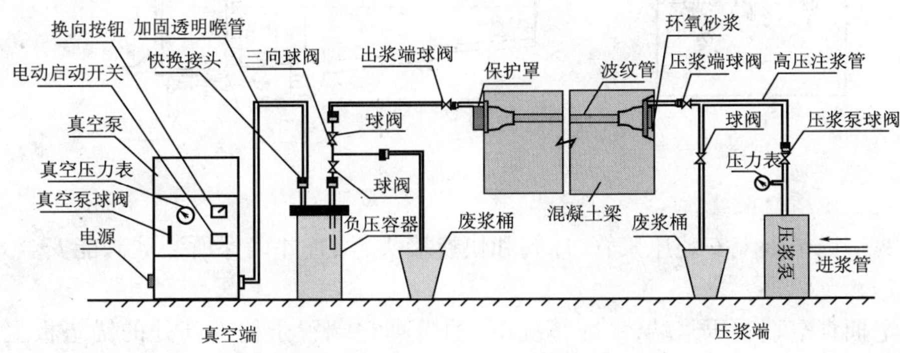

图 5-28　真空辅助压浆工作示意图

5. 辅助灌浆工艺的工艺流程（图 5-29）

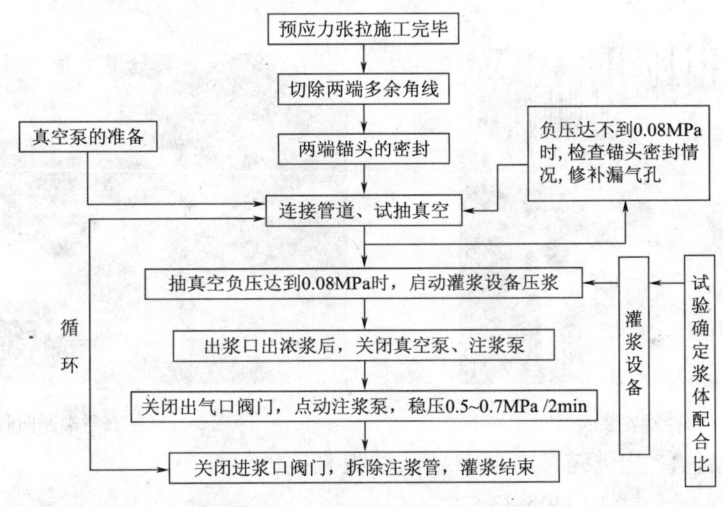

图 5-29　真空压浆施工工艺流程图

（三）准备工作

锚具的端部密封应严密，采用灌浆罩密封应注意橡胶密封圈可靠，必要时用玻璃胶协助。采用加厚细石混凝土封锚应注意必要时采用环氧砂浆或环氧细石混凝土封闭。两端封堵应严密，不漏气。

1. 采用防护罩封锚

（1）预应力筋张拉完成后，切除外露的钢绞线，采用保护罩封锚。

（2）清理锚垫板表面的水泥浆和其他杂物，保证表面平整；清理锚垫板上 M12 装配螺孔内的水泥浆。必要时用丝攻重新清理螺纹；清理保护罩底面和密封槽，注意保持清洁，在密封槽内均匀涂一层玻璃胶，装入"O"形橡胶密封圈，并在锚垫板平面的商标处涂玻璃胶。

（3）装配保护罩（图 5-30），将螺栓加垫片对准位置旋入螺孔内旋紧，注意保持排气口垂直朝正上方，排气口处用 G3/4″闷头加密封带旋紧。

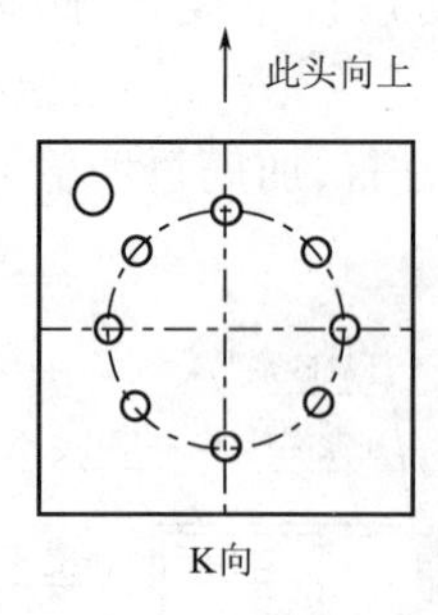

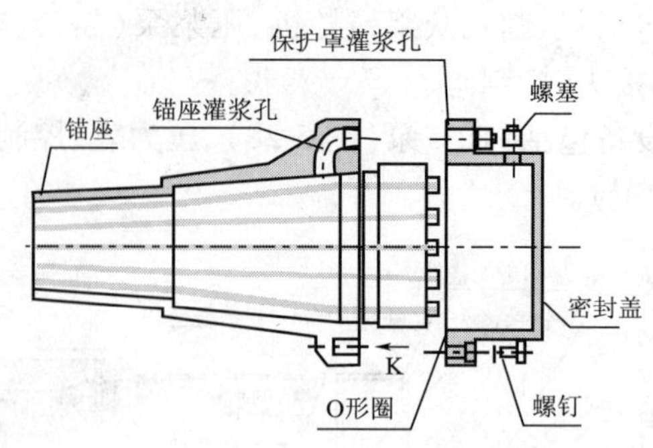

图 5-30　保护罩安装示意图

(4)在两端锚垫板上安装压浆管、球阀和快换接头，检查并确保所装球阀能安全开启和关闭(图 5-31)。

(5)确定抽真空端和压浆端，一般情况下，抽吸真空端置于构件高处的锚垫板上，压浆端则置于构件低处的锚垫板上。

(6)将接驳在真空泵负压容器上的三向阀的上端出口处，用透明喉管连接到抽真空端的快换接头上(图 5-32)。

图 5-31　在张拉端安装阀门

图 5-32　抽真空端三向阀安装

(7)在正式开启真空压浆前，用真空泵试抽吸真空。

2. 端头采用混凝土封锚(图 5-33)

(1)采用 C40 以上细石混凝土和环氧砂浆之类材料。

(2)封堵时保证混凝土浇捣密实，以防灌浆抽真空时漏气或漏浆。

(3)混凝土封堵后需在 48h 后方可灌浆。

(四)真空辅助灌浆操作

(1)正式开始真空辅助灌浆。关闭除与真空泵连接的所有灌浆口和排气孔，启动真空泵，抽除预留孔道中的空气，抽吸真空度要求达到 -0.08MPa 左右的负压并保持此值。

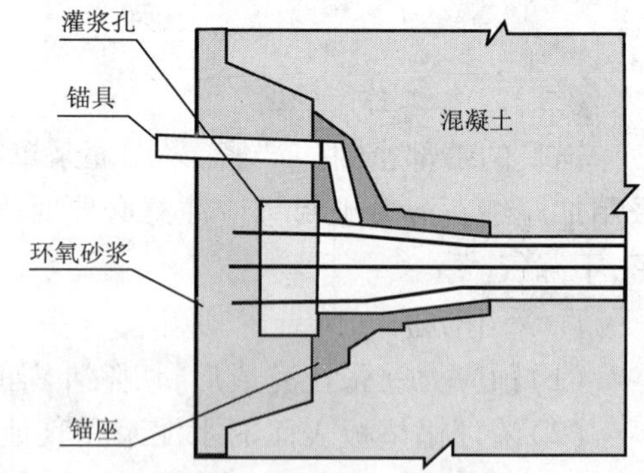

图 5-33　细石混凝土环氧树脂密封锚头示意图

(2)启动压浆泵并压出残存在压浆机及喉管内的水分、气泡，同时检查所排出水泥浆的稠度，在符合标准的水泥浆从喉管排出后，暂停压浆泵并将压浆喉管通过快换接头接到锚垫板的压浆快换接头上。

(3)保持真空泵开启状态,开启压浆端阀门并将已搅拌好的水泥浆向孔道内压注。真空压力表的读数在压浆时将减小。

(4)当水泥浆排进负压容器后,立即关闭连接通往负压器的阀门,同时开启通往废浆桶的阀门,关闭真空泵。

(5)继续压浆,直至所排出的水泥浆的稠度与压入浆口的稠度一致且流出顺畅时,关闭出浆端阀门,暂停压浆泵。

(6)开启至于保护罩上的排气孔,开动压浆泵,直至水泥浆从排气孔流出,待流出的水泥浆稠度与压入浆体的稠度一致并流出顺畅时,暂停压浆泵,密封出气口。

(7)开启压浆泵,压力达到0.7Mpa左右,持压1~2min。

(8)关闭压浆泵及压浆端阀门,完成压浆(图5-34)。

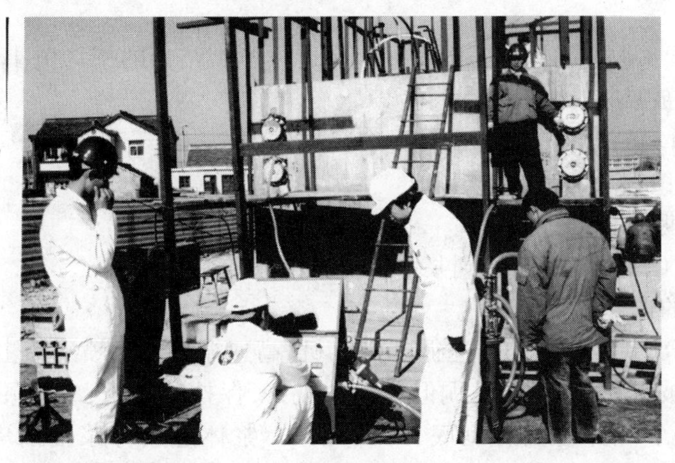

图5-34　南京长江二桥真空压浆试验操作

(五)清理保养工作

(1)压浆工作完成后,拆卸外接管路及附件。

(2)清洗连接至负压容器上的透明喉管,以便下次压浆时容易分辨水泥浆是否从抽吸真空端流出。

(3)在完成当日全部压浆后,必须将所有压浆喉管、压浆泵、负压容器、透明喉管、三向球阀等进行清理养护,以便下次压浆使用。

(4)安装在压浆端和出浆端的球阀可在压浆后,根据浆体的初凝情况,在8~10h左右拆除并进行清理。清洗时将球阀用扳手拆开,在阀门保持关闭状态时(即扳手与阀体成90°角时)用细长棒轻击可退出阀内不锈钢球,清洗后涂上黄油即可重复使用(切忌使劲将已注满水泥浆的球阀用扳手开启,否则会弄断扳手和与不锈钢球连接的铜轴)。

(六)真空辅助压浆施工要点

(1)真空压浆的浆体配合比设计

浆体设计是压浆工艺的关键之处,合适的水泥浆应是:

①和易性好(泌水性小、流动性好);

②硬化后孔隙率低,渗透性小;

③具有一定的膨胀性,确保孔道填充密实;

④高的抗压强度；

⑤有效的黏接强度；

⑥耐久性。

为了防止水泥浆在灌注过程中产生析水以及硬化后开裂，并保证水泥浆在管道中的流动性，参加少量的添加剂。为使水泥浆在凝固后密实，则掺入添加剂如超塑剂等。

①改善水泥浆的性质，降低水灰比，减少孔隙、泌水，消除离析现象。

②降低硬化水泥浆的孔隙率，堵塞渗水通道。

③减少和补偿水泥浆在凝结硬化过程的收缩和变形，防止裂缝的产生。

（2）配合比的试拌及各项指标

①流动度要求：搅拌后的流动度为小于60S。

②水灰比：0.3～0.4，为满足可灌性要求，一般选用水泥浆的水灰比最好在0.3～0.38之间。

③泌水性：小于水泥浆初始体积的2%；4次连续测试结果的平均值小于1%；拌和后24h水泥浆的泌水应能被吸收。

④初凝时间：6h

⑤体积变化率：0～2%

⑥强度：7d龄期强度大于40MPa

⑦浆液温度：5℃≤T≤25℃，否则浆体容易发生离析。

（3）搅拌设备的选择

必须采用1 200r/min以上的高速循环搅拌机，高速循环抽吸喷射撞击，充分分散水泥颗粒，单个水泥颗粒被水膜包裹，虽黏稠但流动性极好，保持时间长，整个硬化过程没有泌水，浆体硬化后收缩小。搅拌时没有沉底、结团现象。浆体进入存浆桶前应经200目的筛网过滤。

（4）塑料波纹管的应用

成孔材料是后张预应力体系的一个重要组成部分，一旦受到破坏，浆体是预应力混凝土结构中预应力钢材的最后一道防护屏障。塑料波纹管是一种新型成孔材料，与金属波纹管相比，它具有耐腐蚀、其密封性能和抗渗漏性能高、摩擦系数小等优点。

（5）管道与锚头的密封处理

为了确保真空状态，必须保证整个管路的密封性，一般都采用安装保护罩的方法，如设计不允许采用保护罩时，可环氧树脂砂浆封锚（图5-35）。

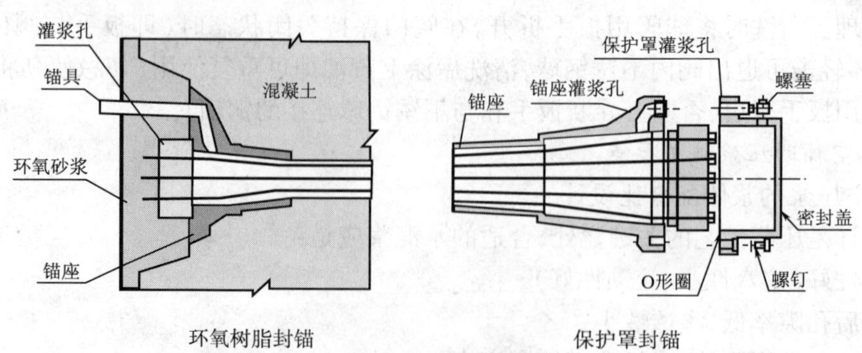

图5-35　锚头密封处理

（七）灌浆前质量控制

1. 灌浆前质量控制

预应力孔道灌浆前质量控制主要包括以下几个方面：

（1）制订孔道灌浆分项施工方案并报批，批准后的施工方案作为施工人员在操作时遵照执行和监理质量监控的依据。施工方案应包括工程概况、灌浆料的配合比、灌浆材料、灌浆设备、灌浆工艺、质量控制及安全措施等几方面。

（2）灌浆材料的选用。可采用 JM－HF 预应力孔道专用灌浆剂。灌浆用的水采用较清洁的水，不含有对水泥或预应力钢材有害的大量物质，首选自来水；如使用自来水无条件时，亦可使用河水、地下水、湖塘水等，但须保证清洁，不含氯离子成分。

（3）控制材料的总用量，保证质量。宜计算整个工程的水泥浆用量及各组成材料的用量，作为备料的依据和用料的控制，各组成材料的用量决定于水泥浆用量，故只需计算水泥浆用量即可。

水泥浆的净用量＝（预留孔道截面面积－预应力钢材的截面面积）×孔道长度

（4）对灌浆施工人员宜进行岗前培训，使他们掌握技术要点和操作规程，并应能熟练操作。

2. 灌浆施工中的质量控制

灌浆施工中的质量控制是主动控制，对灌浆质量控制起关键性作用，施工中的质量控制主要包括以下几个方面：

（1）现场灌浆试验。根据具体环境应确定最合适的水胶比，同时要复核水泥浆的主要性能指标。

（2）经过岗前培训合格的熟练工应严格按灌浆方案和施工规范施工。施工中遇到异常情况时应及时处理，做好记录。

（3）在曲线预应力孔道的最低处宜留设灌浆口，最高处孔道末端应留设排气（浆）口。水泥浆由最低处灌浆口灌入孔道，按照水泥浆的行程顺序封堵排气口，注意排气口全部封堵后的持压时间和持压压力必须满足规定要求。

（4）控制水泥浆的制浆时间以及由制浆到灌浆结束的整个时间。水泥浆在灌注前必须不停地搅拌。

（5）如遇孔道堵塞时，适当增大保压压力、延长保压时间后，更换灌浆口，按灌浆要求继续灌浆。

（6）在灌浆过程中，不允许出现中断的情况，必须一次性不间断灌完一根孔道，若遇特殊情况不得已停断时，储浆罐中的浆液必须不停地搅动（人工或机械搅动）。

（7）断电时，用手动压浆泵完成机械压浆未完成的工作，如手动泵压力不够或现场无手动压力泵，则应用清水冲洗掉已灌进孔道中的水泥浆。

（8）断水时储浆罐中仍有多余的水泥浆时，可采用水泥浆液自身循环法防止水泥浆的流动度损失或废弃不再使用。

3. 灌浆质量的评定

（1）灌浆质量的评定要素如下：

①水泥浆的工作性——在控制水灰比 0.35 以下及泌水率的条件下，水泥浆的稠度越小越好，便于灌注；

②水泥浆的水灰比——水灰比不得大于设计要求，在满足流动度的要求时，可适当减小水

灰比,便于保证孔道密实;

③水泥浆试块的强度应满足设计需要和规范要求;

④水泥浆的膨胀收缩应在允许的范围内;

⑤水泥浆对管道的填充应饱满,水泥浆硬化后管道内无残余水。

(2)水泥浆的温度及流动度测试方法

①在灌浆前,现场应抽查水泥浆的温度及流动度;

②将已搅拌的水泥浆取出样品放在1.725L的流锥中,流锥时间应小于18s。

(3)水泥浆泌水率测试方法

①在灌浆前,预先选定一束或两束预应力孔道作水泥浆膨胀、收缩及泌水测试。

②检验方法Ⅰ:压浆过程中,在已搅拌水泥浆中按不同时间取出三个样品作泌水试验,抽样时间随机而定。三个不同时间分别为初压浆时、压浆中期及压浆完成后。泌水试验采用1 000mL的量筒,注入水泥浆至800mL处,用塑料膜封口并置于平台上,在最初半小时及1h观察泌水情况。3h泌水率在2%以内可判为合格。所泌出水分应在24h内被水泥完全吸收。

③检验方法Ⅱ:由压浆时出浆孔排出的水泥浆取样进行。

依照真空辅助压浆工艺程序将拌和的水泥浆压入预应力束孔道内,当水泥浆从出浆孔排出时,用容器盛装出浆孔道排出的水泥浆,然后倒入1 000mL的量筒中立刻密封后作膨胀、收缩及泌水测试。观察在3h内泌水率应不超过2%,所泌出水分应在24h内被水泥浆完全吸收。观察在室温下水泥浆膨胀率不超过10%,收缩率不超过0.1%。符合上述要求,可判为合格。

(4)水泥浆强度评定

试模尺寸为70.7mm×70.7mm×70.7mm,进行强度试验。试件在第28d的强度应不少于50MPa,可判为合格。

(5)压浆后预应力束孔道灌满检测

水泥浆体充盈孔道的程度,最直接的办法是剖管查看,但预应力孔道属于隐蔽工程,必须选择其他方法进行检测和评定。

对采用真空辅助压浆工艺灌浆的预应力孔道,在预应力孔道未安装盖帽前预先选定1~2束需要在压浆后盖帽拆开检查是否被水泥浆灌满。在选定后,在盖帽里面涂上一层薄的黄油,然后将盖帽安装在锚板上,在压浆后拆开盖帽检查水泥浆是否填满盖帽内部。

对于封锚的端头压浆后24h的压浆口、泌水孔和出浆口,观察孔道是否被浆充满,充满了可判为合格,反之不合格。

第六节　后张法预应力混凝土施工质量检验及验收要点

一、材料、设备及制作

(1)预应力筋、锚具、波纹管、水泥、外加剂等主要材料的分批出厂合格证、进场检测报告,预应力筋、锚具的见证取样检测报告等。

(2)张拉设备、固定端制作设备等主要设备的进场验收、标定。

(3)预应力筋制作交底文件及制作记录文件。

二、预应力筋及孔道布置

(1)孔道定位点高程是否符合设计要求。

(2)孔道是否顺直、过渡平滑、连接部位是否封闭,能否防止漏浆。

(3)孔道是否有破损、是否封闭。

(4)孔道固定是否牢固,连接配件是否到位。

(5)张拉端、固定端安装是否正确,固定可靠。

(6)自检、隐检记录是否完整。

三、混凝土浇筑

(1)是否派专人监督混凝土浇筑过程。

(2)张拉端、固定端处混凝土是否密实。

(3)是否能保证管道线形不变,保证管道不被损伤。

(4)混凝土浇筑完成后是否派专人用清孔器检查孔道或抽动孔道内预应力筋。

四、预应力筋张拉

(1)张拉设备是否良好。

(2)张拉力值是否准确。

(3)伸长值是否在规定范围内。

(4)张拉记录是否完整、清楚。

五、孔道灌浆

(1)设备是否正常运转。

(2)水泥浆配合比是否准确,计量是否精确。

(3)记录是否完整。

(4)试块是否按班组制作。

第七节　安全保证措施

预应力混凝土施工工艺复杂,设备多,交叉作业多,且张拉力大,如Φ^{j}15.24 的钢绞线每根张拉力高达 20t。施工过程中钢绞线、夹片飞出伤人,油泵液压油、高压水泥浆喷射伤人,设备操作冲压伤手指等事故时有发生,因此,应严格遵守《公路施工安全技术规程》(JTJ 076—95)和《建筑工程预应力施工规程》(CECS 180—2005)的规定及设备操作等相关规定。

一、安全措施

(1)建立安全保证体系小组,责任到人。

(2)作好预应力混凝土施工安全宣传工作。

(3)对工人进行三级安全教育、考核情况要填写在安全教育卡片上,建立安全教育档案。

二、安全施工注意事项

1. 预应力筋下料

(1)预应力筋下料时,应防止钢绞线弹出伤人,尤其是原装钢绞线放线时宜用放线架约束,近距离内不得站其他人。

(2)操作者应站在侧面,砂轮旋转方向严禁站人和过人。

(3)钢绞线在切断后的一瞬间,切割机砂轮片还在高速旋转。拉线的人不要过于着急马上拉动钢绞线,这样很容易让钢绞线摩擦旋转中的砂轮片,损伤钢绞线,造成隐患,应等砂轮旋转停止后再进行操作。

(4)对于下料场地狭窄的工地或在下料时经常有人通过的地方,应在切割机砂轮片火花出口处用一面模板挡住飞射,保护行人的安全。

2. 波纹管的铺设

(1)在焊支架筋时在梁侧搭好牢固的平台,满铺脚手板,系好安全带。

(2)电焊操作人员持证上岗,带好防护面罩或电焊眼睛。

(3)注意上下垂直方向有无操作人员,防止坠物伤人。

(4)注意施工操作面周围有无易燃物,注意防火。

3. 预应力筋的穿束

(1)在梁端搭好牢固的穿束平台,满铺脚手板,有防护,系好安全带。

(2)注意上下垂直方向有无操作人员,防止坠物伤人。

4. 张拉端固定

(1)在焊喇叭管时在端部搭好牢固的平台,满铺脚手板。

(2)电焊操作人员持证上岗,带好防护面罩或电焊眼睛。

(3)注意上下垂直方向有无操作人员,防止坠物伤人。

(4)注意施工操作面周围有无易燃物,注意防火。

5. 预应力钢束(钢丝束、钢绞线)张拉施工前,应遵守下列规定:

(1)张拉作业区,无关人员不得进入;预应力施工作业处上、下方位置严禁其他人员同时作业,必要时应设置安全护栏及安全警示标志。

(2)检查张拉设备、工具(如:千斤顶、油泵、压力表、油管、顶楔器及液控顶压阀等)是否符合施工及安全的要求。压力表应按规定周期进行检定。

(3)张拉千斤顶使用前,应清洗工具锚夹片,检查齿形有无损坏,保证有足够的夹持力。锚环及锚塞使用前应经检验,合格后方可使用。

(4)高压油泵与千斤顶之间的连接点,各接口必须完好无损。油泵操作人员要戴防护眼镜。

(5)油泵开动时,进、回油速度与压力表指针升降,应平稳、均匀一致;安全阀要经常保持灵敏可靠。

(6)张拉前,操作人员要确定联络信号。张拉两端相距较远时,宜设对讲机等通讯设备。

6. 预应力张拉

(1)在已拼装或悬浇的箱梁上进行张拉作业,其张拉作业平台、拉伸机支架要搭设牢固,平台四周应加设护栏。高处作业时,应设上下扶梯及安全网。施工的吊篮应安挂牢固,必要时可另备安全保险设施。在悬挑部位进行作业的预应力施工人员,应有安全带。

(2)油泵操作人员在操作油泵时精力要集中,给油回油要平稳。

(3)张拉时千斤顶的对面及后面45°范围内严禁站人,作业人员应站在千斤顶的两侧。闲杂人员不得围观,不得在千斤顶后来回穿越。

(4)张拉过程中,听到异常响声要稍做停顿,查明原因,不可野蛮施工。

(5)注意安全用电,电源插头一定要安装,不可直接用电线插入插座,电源线要有漏电保护。

7. 孔道灌浆

(1)要搭设灌浆平台,平台上满铺脚手板,钢管一定要牢固扣紧。保证拌浆机、水泥、操作人员在平台之上。

(2)灌浆机操作人员在操作时精力要集中,时刻与拿喷浆头人员保持联系。

(3)所有操作人员均要带好防护眼镜,以防水泥浆喷出伤眼。

(4)闲杂人员不得围观。

(5)注意上下垂直方向是否有操作人员,防止高空坠落。

(6)所有操作人员均要持证上岗。

8. 切割端头及封锚

(1)在端部搭好牢固的平台,满铺脚手板。

(2)操作人员持证上岗,带好防护眼镜。

(3)注意上下垂直方向有无操作人员,防止坠物伤人。

(4)注意施工操作面周围有无易燃物,注意防火。

9. 先张法张拉施工时,除按本节有关规定施工外,还应做到:

(1)张拉前,对台座、横梁等进行检查。

(2)先张法张拉中和未浇混凝土之前,周围不得站人和进行其他作业。浇筑混凝土时,振捣器不得撞击钢丝(钢束)。用卷扬机滑轮组张拉小型构件时,张拉完成后应切断电源和卡固钢丝绳。

10. 精轧螺纹钢筋张拉前,除对张拉台座检查外,还应对锚具、连接器进行检查、试验。

11. 所有电气设备,必须用插座连接。对不熟悉的电气设备,应由现场电工接线。意外停电时,应立即关掉电源开关。严防电气设备受潮漏电,以免发生触电事故。电源一定要远离水源。

12. 防止高空坠落措施

(1)操作人员在进行高空作业时,必须正确使用安全带。

(2)在高空使用撬杠时,人要立稳,如附近有脚手架或已安装好构件应一手扶住,一手操作。

(3)工作如需在高空作业时,应尽可能搭设临时操作台。

(4)如需在悬空的屋架上弦行走时,应在其上设置安全栏杆。

(5)如雨期或冬期时,必须采取防滑措施。

(6)操作人员不得穿硬底皮鞋在高空作业。

13. 防止高空落物伤人措施

(1)地面操作人员必须戴好安全帽。

(2)高空操作人员使用的工具、零配件等,应放在随身佩带的工具袋内,不可随意向下丢掷。

(3)在高空用气割或电焊切割时,应采取措施,防止火花落下伤人。

(4)地面操作人员,应尽量避免在高空作业的正下方停留或通过,也不得在起重机的起重臂或吊装的构件下停留或通过。

(5)构件安装后,必须检查连接质量,只有连接确实安全可靠,才能拆除临时固定工具。

思考题

1. 什么是先张法?
2. 什么是后张法?
3. 预应力筋制作有何要求?
4. 孔道如何安装?
5. 张拉操作有何注意事项?
6. 实际伸长量如何量取和计算?
7. 孔道压浆分为哪两种?
8. 孔道压浆对水泥浆有何要求?
9. 安全施工应注意哪些事项?